ग्रामीण भारत के औषधीय पौधे
(Medicinal Plants of Rural India)

लेखक परिचय

डॉ. रामलखन सिंह सिकरवार (सुपुत्र स्व. श्री ज्ञान सिंह सिकरवार), ने अपनी उच्च शिक्षा (एम.एस.सी., एम.फिल. एवं पी.एच.डी.) वनस्पति विज्ञान में वनस्पति विज्ञान अध्ययन शाला, जीवाजी विश्वविद्यालय, ग्वालियर (म.प्र.) से प्राप्त की हैं। तदुपरान्त अप्रेल 1990 से मई 2003 तक सी.एस.आई.आर. –राष्ट्रीय वनस्पति अनुसंधान संस्थान, लखनऊ में भारत सरकार की विभिन्न परियोजनाओं (MoEF, CSIR, DST) के अंतर्गत अनुसंधान कार्य किया है। मई 2003 से फरवरी 2020 तक आरोग्यधाम, दीनदयाल शोध संस्थान, चित्रकूट में अनुसंधान कार्य एवं विभिन्न परियोजनाएं संचालित की हैं। डॉ. सिकरवार ने 10 पुस्तकें तथा लगभग 250 से अधिक शोध पत्र देशी तथा विदेशी पत्र पत्रिकाओं में, हिन्दी तथा अंग्रेजी में प्रकाशित किये हैं। लोकवनस्पति विज्ञान (Ethnobotany), पादप वर्गिकी (Plant Taxonomy), औषधीय पौधे (Medicinal Plants), तथा जैव विविधता संरक्षण (Biodiversity Conservation) में उत्कृष्ट कार्य के लिये डॉ. सिकरवार को वर्ष 2004 में डॉ. ऐस.के. जैन मैडल, 2010 में ज्ञानचन्द्र मैडल, 2016 में डॉ. बी. एन. मेहरोत्रा मेडल, 2020 में पी. पुष्पांगदन बायोडाइवर्सिटी एक्सेस एंड बेनेफिट सेयरिंग (P. Pushpangadan Biodiversity Access and Benefit Sharing Award) एवार्ड, 2022 में विश्वम्भर पुरी मैडल तथा 2022 में ही लाइफ टाइम अचीवमेंट एवार्ड से सम्मानित किया गया है। डॉ. सिकरवार का कार्यक्षेत्र, जैव विविधता का सर्वेक्षण एवं संरक्षण (Biodiversity Survey and Conservation), लोकवनस्पति विज्ञान (Ethnobotany), पादप वर्गिकी (Plant Taxonomy) तथा औषधीय तथा संकटग्रस्त पौधे (Medicinal and Threatened Plants) है। ये विभिन्न संस्थाओं (Indian Botanical Society, Society of Ethnobotanists, Association of Plant Taxonomy, Indian Association for Angiosperm Taxonomy, Indian Science Congress Association, Society of Life Science etc.) के आजीवन सदस्य एवं फेलो हैं तथा 'इंडियन असोसिएशन फॉर एन्जियोस्पर्म टैक्सोनोमी' एवं 'इंडियन बॉटैनिकल सोसाइटी' की 'कार्यकारी समिति' में काउंस्लर हैं। डॉ. सिकरवार मूल रूप से ग्राम खिड़ौरा, तहसील जौरा, जिला मुरैना, मधय प्रदेश के निवासी हैं तथा वर्तमान में ए. के. एस. विश्वविद्यालय, सतना, मध्य प्रदेश में पर्यापरण विभाग में प्रोफेसर एवं पारंपरिक ज्ञान अनुसंधान और अनुप्रयोग केन्द्र में निदेशक के पद पर 2020 से कार्यरत हैं।

ग्रामीण भारत के औषधीय पौधे
(Medicinal Plants of Rural India)

डॉ. राम लखन सिंह सिकरवार

प्रोफेसर

ए.के.एस. विश्वविद्यालय, सतना

(म.प्र.)-485001

साईन्टिफिक
पब्लिशर्स

प्रकाशक

साइन्टिफिक पब्लिशर्स (इंडिया)

5–ए, न्यू पाली रोड

पोस्ट बॉक्स नं. 91

जोधपुर - 342 001 भारत

ISBN:978-81-971874-1-4 (H/B)
eISBN: 978-81-971874-7-6 (E/B)

Printed in India

माननीय कुलाधिपति ए.के.एस. विश्वविद्यालय, सतना (म.प्र.)
श्री बी.पी. सोनी जी को सादर समर्पित

भूमिका

भारतीय पारंपरागत चिकित्सा पद्धति विश्व की सबसे प्राचीनतम चिकित्सा पद्धति है जो वैदिक काल (4500 ईसा पूर्व) से अनवरत उपयोग होती चली आ रही है। भारतीय समाज में यह दो रूपों में उपयोग में लाई जाती रही है एक जो लिखित रूप में विभिन्न धार्मग्रन्थों, बेदों, संहिताओं, निघंटुओं आदि के रूप में लिपिबद्ध है तथा व्यवस्थित ढंग से वर्णित की गई है जैसे आयुर्वेद, सिद्धा, यूनानी तथा आमची पद्धतियाँ। जिनमें आयुर्वेद में लगभग 1800 पौधो, सिद्धा में 800, यूनानी में 700 तथा आमची (तिब्बती) में 300 पौधो उपयोग किये जाते हैं। इनमें आयुर्वेद चिकित्सा पद्धति सबसे प्राचीन है। भारत के सर्वाधिक प्राचीन ग्रंथों जैसे ऋग्वेद में 67, यजुर्वेद में 81, अथर्ववेद में 290, चरक संहिता में 526, सुश्रुत संहिता 573, अष्टांगहृदय में 902 तथा भावप्रकाश निघण्टु में 480 पौधों के औषधीय गुणों का वर्णन किया गया है।

दूसरी पद्धति जिसका कोई लिखित प्रमाण नहीं है अर्थात जो ग्रन्थों के रूप में लिपिबद्ध नहीं है और केवल मौखिक परंपरा द्वारा पीढ़ी दर पीढ़ी सैकड़ों वर्षो से अनवरत चली आ रही है। इस पद्धति की भी दो धारायें है एक है घरेलू चिकित्सा पद्धति जिसके अन्तर्गत रसोई में उपलब्ध मसालों जैसे - हल्दी, धनिया, सोंफ, जीरा, काली मिर्च, पिप्पली, हींग, सोंठ, अजवाइन मैथी इत्यादि तथा घर आंगन में पाये जाने वाले पेड़-पौधों जैसे - तुलसी, नीम, सहजन, गेंदा, ग्वारपाठा आदि का उपयोग प्राथमिक स्वास्थ्योपचार हेतु किया जाता है। यह घरेलू चिकित्सा मुख्य रूप से घर की बुजुर्ग महिला द्वारा संचालित की जाती है इसलिये यह पद्धति ''दादी माँ के नुस्खे'' 'दादी माँ का बटुआ' आदि नामों से जानी जाती है। इसी क्रम में दूसरी धारा है 'लोक वनस्पति विज्ञान' (Ethnobotany)। इस पद्धति का उपयोग वनों में निवास करने वाले आदिवासी समुदाय तथा ग्रामीण जनमानस अपने विभिन्न रोगों तथा बीमारियों के उपचार हेतु सैकड़ों वर्षो से मौखिक परंपरा द्वारा करते चले आ रहे हैं। इसका भी कहीं कोई लिखित प्रमाण नहीं है ।

हाल में भारत सरकार के पर्यावरण एवं वन मंत्रालय द्वारा कराये गये लोकवनस्पतिक सर्वेक्षण द्वारा ज्ञात हुआ है कि भारत के विभिन्न प्रान्तों के वनों या वनों के आस-पास निवास करने वाली लगभग 550 जनजातियाँ, 8000 पौधों का अपने विभिन्न रोगों तथा बीमारियों के उपचार हेतु उपयोग करती हैं।

महर्षि चरक ने वनस्पतियों के औषधीय गुणों का ज्ञान वनवासियों, भेड़ तथा गाय चराने वाले ग्वालों, चरवाहों आदि से भी यह ज्ञान प्राप्त करने का सुझाव आयुर्वेद के विद्यार्थियों को दिया था। इससे स्पष्ट होता है कि औषधीय पौधों का ज्ञान चरवाहों से लेकर आदिवासियों तक को आदिकाल से था।

औषधीनाम रूपाभ्यां जानते ह्यजपावने।
अविपाश्चैव गोपाश्च ये चान्ये वनवासिन:।।

(चरक संहिता)

भारत की लगभग 72 प्रतिशत आबादी ग्रामों में निवास करती है जो प्रत्यक्ष या परोक्ष रूप से अपने आस-पास पाये जाने वाले स्थानीय पेड़-पौधों का स्वास्थ्योपचार हेतु उपयोग करती है।

विश्व स्वास्थ्य संगठन (WHO) ने भी माना है कि विश्व के विकासशील देशों की लगभग 80 प्रतिशत आबादी प्राथमिक स्वास्थ्योपचार हेतु पेड़ पौधाों पर निर्भर है। परन्तु विगत कुछ दशकों से आधुनिक चिकित्सा पद्धति के अत्यधिक प्रचलन व प्रभाव से परंपरागत चिकित्सा पद्धति के प्रति लोगों का रुझान बहुत हो गया था। लेकिन आधुनिक दवाएं अधिक महंगी एवं इनका स्वास्थ्य पर हानिकारक दुस्प्रभाव होने के कारण आज भारत ही नहीं बल्कि विश्व के सभी विकसित व विकासशील देश यह मानने लगे हैं कि आजीवन स्वास्थ्य की अवधारणा को केवल भारतीय पारंपरागत चिकित्सा पद्धति ही साकार रूप दे सकती है, अन्य पद्धतियॉ नहीं। क्योंकि इसके सेवन से शरीर पर कोई बिपरीत प्रभाव नहीं पड़ता और नया रोग पैदा नहीं होता। यह आयुर्वेद में भी उल्लेखित है-

या हुयदीर्ण शमयंति नान्य व्याधिं करोति च।
सा क्रिया न तु व्याधिं हरत्यन्य मुदीरयेत।।

आज प्रत्येक फार्मास्यूटिकल, आयुर्वेदिक कम्पनियाँ तथा शोध संस्थान पौधों से विकसित आधुनिक औषधियों की खोज में लगे हैं। कुछ पौधों से आधुनिक दवाईयॉ विकसित भी की गई हैं जैसे इफेड्रा से इफेड्रिन, सर्पगंधा से रिसर्पीन, किवांच से एल. डोपा, सदाबहार से विनक्रिस्टीन तथा विनब्लास्टीन, अफीम से मोर्फीन तथा कोडीन, आर्टीमीसिया से आर्टीमीसीन, आरोग्यपच्या से जीवनीय इत्यादि।

हमारे पूर्वजों ने निरोग शरीर को सभी सुखों की खान बताया है और यह निरोग शरीर हमारी परंपरागत चिकित्सा पद्धति द्वारा ही सम्भव है। विगत कुछ दशकों से ऐसा देखा गया है कि आधुनिक औषधियों के सेवन से कई दुष्प्रभाव सामने आये हैं। आधुनिक औषधिसे रोग समूल नष्ट नहीं होता बल्कि उसे दबा दिया जाता है जिसके कारण उसके अनेक हानिकारक प्रभाव दृष्टिगोचर होने लगते हैं, जबकि परंपरागत चिकित्सा पद्धति में प्रयुक्त होने वाले स्थानीय पेड़-पौधों से धीरे-धीरे ही सही पर किसी भी रोग या व्याधिका समूल नाश होता है।

ये पेड़-पौधो सरलता से उपलब्ध, ताजे तथा हानिकारक प्रभावों से मुक्त होते हैं। यह घरों तथा गांव के आस पास सहजता से उपलब्ध हो जाते हैं, परन्तु जन मानस को प्राय: इन पोधों के औषधीय उपयोगों की जानकारी नहीं होती है। महात्मा गॉधी जी ने कहा था ह्जिस गॉव में जो वनस्पति उत्पन्न होती हैं उसकी औषधि बनाना और यह औषधिकिस रोग में काम आती है यह सब ग्रामवासियों को सिखा देना चाहिए।

इसीलिए प्रस्तुत पुस्तक में ऐसे 110 पौधों के औषधीय उपयोगों का वर्णन किया गया है जो अधिाकांशत: गांव में या गांव के आस-पास के क्षेत्रों या वनों में सहजता से पाये जाते हैं। पुस्तक सरल व सहज हिन्दी भाषा में लिखी गई है ताकि जन सामान्य को पौधों को पहचानने में एवं इसके उपयोगों को समझने में कोई कठिनाई न हो। प्रत्येक पौधो का हिन्दी नाम, संस्कृत नाम, अंग्रेजी नाम (उपलब्ध होने पर) वानस्पतिक नाम, कुल, वितरण, वर्णन, प्राप्ति स्थान, फूल तथा फल आने का समय, एवं औषधीय उपयोग दिया गया है। जनमानस को पौधा पहचानने में कोई असुविधा न हो इसलिये प्रत्येक पौधो का रंगीन छायाचित्र दिया गया है। यह पुस्तक स्थानीय लोगों को आजीवन स्वास्थ्य प्रदान कराने में तथा देश के जन मानस के स्वास्थ्य लाभ में उपयोगी साबित हो, भगवान श्रीराम जी के चरण कमलों से यही कामना करता हूँ।

डॉ. रामलखन सिंह सिकरवार

आभारोक्ति

मैं ए.के.एस. विश्वविद्यालय, सतना, मध्य प्रदेश के माननीय प्रतिकुलाधिपति व चेयरमैन इंजी. अनंत कुमार सोनी के प्रति हृदय से आभार ज्ञापित करता हूँ जिनके सहयोग से मेरा यह अथक परिश्रम पुस्तक का मूर्तरूप ले सका। साथ ही मैं ए.के.एस. विश्वविद्यालय, सतना के माननीय कुलपति प्रोफेसर बी.ए. चोपड़े, माननीय प्रतिकुलपति (अकादमिक) डॉ. आर. एस. त्रिपाठी, माननीय प्रतिकुलपति (विकास) डॉ. हर्षवर्धन के प्रति हृदय से धन्यवाद ज्ञापित करता हूँ। मैं परम आदरणीय डॉ. साहिब सिंह तोमर, अधिष्ठाता, कृषि एवं तकनीकि संकाय, ए.के. एस. विश्वविद्यालय, सतना का ह्रदय से बहुत आभारी हूँ जिन्होंने मुझे औषधीय पौधों पर पुस्तक लिखने की प्रेरणा दी व मार्गदर्शन प्रदान किया।

मैं जीवाजी विश्वविद्यालय, ग्वालियर के अपने समस्त गुरूजनों स्व. प्रो. आर. आर. दास, प्रो. जे.पी. कौशिक, प्रो. आर.के.एस. चौहान, प्रो. शशि चौहान, प्रो. अशोक कुमार जैन, प्रो. के. के. कौल व राष्ट्रीय वनस्पति अनुसंधान संस्थान, लखनऊ के स्व. डॉ. एस.के जैन (भूतपूर्व निदेशक, भारतीय वनस्पति सर्वेक्षण, कोलकाता), स्व. डॉ. जे. के. माहेश्वरी, पद्म श्री डॉ. पी. पुष्पांगदन, (भूतपूर्व निदेशक, राष्ट्रीय वनस्पति अनुसंधान संस्थान, लखनऊ), डॉ. आर. आर. राव के चरणों में सादर नमन करता हूँ जिन्होंने मुझे ज्ञनार्जन कराया और इस योग्य बनाया।

अपने वरिष्ठ डॉ. आर.ए.एस. चौहान, अम्बाह एवं श्री विनोद शर्मा (I.A.S.), डॉ. पी. सी. दुबे, प्रधान मुख्य वन संरक्षक (उत्पादन) एवं कनिष्ठ डॉ. अर्जुन प्रसाद तिवारी, मैसूर, डॉ. अच्युतानंद शुक्ला, नई दिल्ली सहित उन सभी इष्ट मित्रें को भी ह्रदय से साधुवाद देता हूँ जिन्होंने समय-समय पर मेरी सहायता की।

मैं स्वर्गीय पूज्य माताश्री एवं पिताश्री जो कि मेरी चेतना स्वरूप हैं एवं पित्र तुल्य चारों भाईयों जो कि मेरे प्रेरणा स्रोत रहे हैं, उनके श्री चरणों में भी नतमस्तक होता हूँ। मुझे ऊर्जा एवं सम्बल प्रदान करने के लिए मेरी अर्धांगिनी श्री मती शारदा सिकरवार एवं दोनों बेटियों श्रीमती पूजा तथा कु. स्वाति का भी में सदैव ऋणी रहूँगा।

डॉ. रामलखन सिंह सिकरवार

अनुक्रमणिका

1. अंकोल

- **वानस्पतिक नामः** *अलांजिउम साल्किोलिउम* [*Alangium salviifolium* (L. f.) ¡ngerin]
- **कुलः** कोर्नेसिए (Cornaceae)
- **अन्य नामः** संस्कृत - अंकोट, दीर्धकील, अंक्‌ोल, निकोचक
  हिन्दी - अंकोल, ढेरा, टेरा, ढेला
- **वितरणः** यह मध्य भारत तथा दक्षिण भारत के कई प्रान्तों में पाया जाता है।
- **वर्णनः** इसका वृक्ष छोटा, काँटेदार, सघन तथा दिखने में सुन्दर होता है। पत्ते 3–5 इंच लम्बे, 1–2 इंच चौड़े, आयताकार- प्रासवत या कोई-कोई अण्डाकार होते हैं। फूल सुगंधित व सफेद रंग के होते हैं। फल कच्ची अवस्था में नीले और पकने पर जामुनी लाल तथा मांसल होते हैं। बीज गुठलीदार व बड़े होते हैं।
- **प्राप्ति स्थानः** वनों में यह कहीं पर्याप्त तथा कहीं कम मात्र में पाया जाता है।
- **फूल तथा फलः** फूल फरवरी से अप्रैल तक तथा फल मई से अगस्त तक लगते हैं।
- **औषधीय उपयोगः** अंकोटकः कटुस्तीक्ष्णः स्निग्धोष्णस्तुवरो लघुः ।।
  रेचनः कृमिशूलाम शोफग्रह विषापह।
  विसर्पकफपित्तास्त्र मूषकाहि विषापह ।।

(भावप्रकाश)

(अंकोल-कटु तथा कषाय रसयुक्त, तीक्ष्ण तथा उष्णवीर्य, स्निग्ध, लघु रेचक (दस्तावर) होता है एवं कृमि शूल, आम सूजन, ग्रहबाधा, विष, विसर्प, कफ, पित्त, रक्तविकार एवं मूसा तथा सर्प के विष को दूर करने वाला होता है)।

- चूहे के विष में तथा सर्प विष में यह लाभदायक माना जाता है। सर्प विष में 20 ग्राम जड़ का चूर्ण चावल के धोवन के साथ देते हैं।
- एक किलो पत्ते तथा एक किलो अंकोल की छाल को 10 लीटर पानी में मिलाकर मिट्‌टी के घड़े में 7 दिन तक रखते हैं। सातवे दिन से जिस रोगी को जोड़ों का दर्द व सूजन है इस पानी से स्नान कराते हैं तथा उतना ही पानी अगले दिन के लिए मिलाते रहते हैं और रोजाना स्नान कराते हैं। यह प्रक्रिया 15 दिन चलती रहती है। इससे बहुत लाभ होता है।
- कटे भाग एवं घाव पर जड़ का लेप लगाया जाता है। पत्तों का रस भी घाव पर लगाते हैं।
- सर्प काटने पर उल्टी द्वारा जहर को निकालने के लिए छाल को पानी में पीसकर गर्म पानी के साथ पिलाते हैं।
- जड़ की छाल का एक ग्राम चूर्ण और एक ग्राम पिसी काली मिर्च पानी के साथ सुबह-शाम लेने से बवासीर ठीक हो जाती है।

- जड़ की छाल को पेट के कीड़े मारने हेतु दिया जाता है यह दस्तावर भी होती है।
- कुष्ठ, उपदंश तथा सभी प्रकार के त्वचा के विकारों में इसकी जड़ की छाल आधी से एक रत्ती की मात्र में दिन में तीन बार देते हैं तथा बीज तैल या जड़ को पीसकर लगाते हैं।

अंकोल (*Alangium salviifolium* (L. f.) ¡ngerin)

❖ ❖ ❖

2. अडूसा

- **वानस्पतिक नामः** *जुस्टिसिआ आढ़ाटोडा* (*Justicia adhatoda* L.)
  (syn. *Adhatoda vasica* Nees; *A. zeylanica* Medik.)
- **कुलः** अकांथेसिए **(Acanthaceae)**
- **अन्यनामः** संस्कृत - वासा, वासक, सिंहास्य, वाजिदन्त
  हिन्दी - अडूसा, अडूस, अरूशा
  अंग्रेजी - Malabar Nut (मालाबार नट)
- **वितरणः** भारत वर्ष में प्रायः सभी प्रांतों में एवं हिमालय के निचले भागों में 4000 फीट की ऊँचाई तक पाया जाता है।
- **वर्णनः** यह सदाहरित, झाड़ीदार, एक से दो मीटर ऊँचा पौधा होता है जो प्रायः समूहब) होकर उगता है। पत्ते 3-8 इंच लम्बे, अण्डाकार या अण्डाकार-भालाकार, दोनों सिरों पर नुकीले, अखण्ड एवं मृदुरोमश होते हैं। फूल सफेद, बड़े, द्विओष्ठी, उप-शाखाओं के अग्रभाग पर स्थित 1-3 इंच लम्बी मंजरियों में लगे होते हैं। फूलों की पंखुडियों पर गुलाबी या बैगनी रंग की धारियाँ होती हैं। मंजरियों पर पत्तों के आकार के छोटे-छोटे सहपत्र होते हैं, जिन पर घनी मोटी शिरायें होती हैं। फल मुग्दराकार, रोमश होता है जिसमें चार बीज होते हैं।
- **प्राप्ति स्थानः** यह सड़कों के किनारे तथा गंदी जमीन पर पाया जाता है।
- **फूल तथा फलः** प्रायः वर्ष भर लगते हैं।
- **औषधीय उपयोगः** वासको वातकृत् स्वर्यः कपित्तास्रनाशनः।
  तिक्तस्तुवरको हृद्यो लघुः शीतस्तु डर्तिहृत।।
  श्वासकासज्वरच्छर्दि मेह कुष्ठक्षयापहः।

(भावप्रकाश)

(अडूसा- वातकारक, स्वर उत्तम करने वाला, तिक्त तथा कषाय रसयुक्त, हृदय को हितकर, लघु और शीतवीर्य होता है। यह क,पित्त, रक्तकोप (या रक्तपित्त) तृषा, श्वास खाँसी, ज्वर, वमन, प्रमेह, कुष्ठ एवं क्षय को दूर करता है।)

- कफ विकारों में इसका बहुत प्रयोग करते हैं। इनमें इसके पत्तों के रस को आधे से डेढ़ तौला की मात्र में अदरक के रस या छोटी पीपली, कुछ सैंधा नमक तथा शहद के साथ मिलाकर देते हैं विशेषकर जब कफ गाढ़ा तथा चिपचिपा होता है जिससे कफ ढीला होकर आसानी से बाहर निकल जाता है। इससे फेंफड़ों की सूजन तथा खाँसी में भी आराम मिलता है।
- श्वांस (दमा) तथा खाँसी में अडूसा के पत्ते, अंगूर एवं हर्रा के फलों का काढ़ा आधा कप शहद एवं शक्कर के साथ सुबह-शाम देने से आराम मिलता है।

- दमा में इसके पत्तों का धूम्रपान भी लाभदायक होता है। इसके साथ धतूरे के पत्तों का उपयोग करने से जल्दी लाभ होता है।
- मलेरिया में इसके पत्तों का चूर्ण या जड़ की छाल का चूर्ण सुबह-शाम देने से ठीक हो जाता है।
- अफरा, दस्त तथा पेचिश में पत्तों का रस दिया जाता है।
- त्वचारोगों में इसका रस पिलाते हैं तथा इसके पत्तों का लेप एवं काढ़े से स्नान कराते हैं।
- पत्तों एवं कोमल शाखाओं का काढ़ा खाँसी तथा गले की खराबी में बहुत लाभदायक होता है।
- जड़ का काढ़ा बनाकर पीने से बुखार ठीक हो जाता है ।
- फूलों की राख को शहद के साथ देने से कुकर खाँसी में आराम मिलता है।
- बीजों को प्याज के साथ पीसकर लेप लगाने से फोड़ा ठीक हो जाता है।

अडूसा (*Justicia adhatoda* L.)

❖ ❖ ❖

3. अदरक

- **वानस्पतिक नामः** जिंजिबेर ओफ्फिसिनाले (*Zingiber officinale* Roscoe)
- **कुलः** जिंजिबेरेसिए (Zingiberaceae)
- **अन्यनामः** संस्कृत – आर्द्रक, श्रृंगवेर, आर्द्रिका
  हिन्दी – अदरक, आदी, सोंठ
  अंग्रेजी – Zinger (जिंजर)
- **वितरणः** भारतवर्ष के प्रायः सभी प्रान्तों में इसकी खेती की जाती है। पश्चिमी घाट के कुछ भागों में प्राकृतिक रूप से वनों में पाया जाता हैं।
- **वर्णनः** यह कोमल, कंदयुक्त, बहुवर्षीय पौधा है। प्रकंद पीले भूरे रंग का सुगन्धित होता है। पत्ते एकान्तर, अवृंत, चिकने तथा भालाकार होते हैं। फूल हरे-पीले, जिनका ओष्ठ भाग गहरे बैंगनी रंग का होता है। पुंकेसर गहरे बैंगनी रंग के होते हैं।
- **प्राप्ति स्थानः** कुछ किसानों द्वारा इसकी खेती की जाती है। प्रायः सब्जी की दुकानों पर मिलता है।
- **फूल तथा फलः** जुलाई से अक्टूबर तक आते हैं लेकिन बहुत कम ही दृष्टिगत होते हैं।
- **औषधीय उपयोगः** आर्द्रिका भेदिनी गुर्वी तीक्ष्णोष्णा दीपनी मता।
  कटुका मधुरा पाके रूक्षा वातकफा पहा ।।
  भोजनाग्र सदा पथ्यं लवणार्द्रक भक्षणम् ।
  अग्नि सदीपनं रूच्यं जिव्हा कंठ विशोधनम् ।

(भावप्रकाश)

(अदरक – मल को भेदन करने वाला, पाक में गुरू, तीक्ष्ण, उष्णवीर्य, अग्निदीपक, कटु रसयुक्त, विपाक में मधुर रसयुक्त, रूक्ष, वात तथा कफ को नष्ट करने वाला होता है और भोजन करने के प्रथम सर्वदा सेंधा नमक के साथ अदरक खाना हितकारी होता है क्योंकि यह अग्नि को दीप्त करने वाला, रूचिकारक, जिव्हा तथा कण्ठ का शोधन करने वाला होता है।)

- भोजन के पूर्व सेंधा नमक और अदरक के सेवन से भूख बढ़ती है। जिव्हा तथा कण्ठ की शुद्धि होकर भोजन में रूचि भी बढ़ती है।
- अदरक का रस और प्याज का रस एक-एक तौला लेने से उल्टी तथा जी मिचलाना दूर होता है।
- अदरक का रस गुनगुना करके कान में डालने से कानदर्द दूर होता है।
- ताजे अदरक के टुकड़े को नमक के साथ सोने से 5 मिनट पहले चबाने से अपच में लाभ होता है। अपच मे ही एक चम्मच अदरक का रस तथा एक चम्मच नीबू का रस एक चुटकी नमक मिलाकर दिन में दो बार भोजन के बाद 7 दिन तक देने से लाभ होता है।

- अदरक को पीसकर शहद मिलाकर सर्दी तथा खाँसी में दिया जाता है। सर्दी तथा खाँसी में ही अदरक काली मिरच तथा गुड़ के साथ कूचकर खिलाते हैं।
- कान दर्द को शांत करने के लिये अदरक के रस को सुद्ध सरसों के तैल में गर्म करके कान में डालना चाहिए।
- गिल्टी या फोडा हो जाने पर अदरक का लेप लगाना चाहिए।
- ज्वर में यदि बेहोशी आजाए तो अदरक के रस की एक-दो बँद नाक में टपकाना चाहिए।

सोंठ -

- गरम जल में सोंठ के चूर्ण का लेप सिरदर्द में उपयोगी है।
- पसीना अधिक होकर हाथ और पैरो में शीत आने पर इसके चूर्ण को रगड़ने से रक्त का संचार ठीक होकर शीत दूर होता है।
- आमदोष दूर करने के लिये सोंठ के चूर्ण को घी के साथ रेंड़ी के पत्तों में लपेटकर अग्नि में पफटपाक करना चाहिये और फिर इस चूर्ण को मिश्री के साथ लेना चाहिये। इससे आमातिसार जन्य दर्द दूर होता है।
- गुड़ के साथ सोंठ का उपयोग बवासीर, कब्ज, दस्त, पीलिया, प्रमेह, सूजन आदि में किया जाता है।
- यदि किसी को अपना स्वर मधुर व सुरीला बनाना हो तो उन्हें सोंठ को पीसकर उतनी ही खांड मिलाकर शहद के साथ खना चाहिए।
- मोटापा दूर करने के लिए खाने-पीने के पदार्थों में सोंठ का प्रयोग करना चाहिए।

अदरक (*Zingiber officinale* Roscoe)

4. अनंतमूल

- **वानस्पतिक नामः** हेमिडेस्मुस इंडिकुस [*Hemidesmus indicus* (L.) R.Br. ex Schult.]
- **कुलः** अपोसीनेसिए (Apocynaceae)
- **अन्यनामः** संस्कृत –श्वेत सारिवा, गोपकन्या, गोपा, श्यामा
  हिन्दी –अनंतमूल, कपूरी, सुगंधी, सालसा
  अंग्रेजी –Indian Sarsaparilla (इंडियन सारसापारिला)
- **वितरणः** भारतवर्ष के लगभग सभी प्रान्तों में पाई जाती है।
- **वर्णनः** यह बहुवर्षीय, दूधयुक्त, फैलने वाली या लपेट कर चढ़ने वाली लता होती है जिसका तना गोल, चिकना या रोंयेदार, सूक्ष्मधारियों से युक्त होता है। पत्ते विपरीत, प्रायः दूर-दूर, विभिन्न आकार के, दीर्घवृत्त-आयताकार से लेकर रेखाकार- भालाकार, ऊपर से चिकने, गहरे हरे रंग के एवं सफेद चिन्हों से युक्त तथा नीचे हल्के हरे रंग के या कभी-कभी सफेद होते हैं। फूल छोटे, बाहर से हरे किन्तु भीतर बैंगनी रंग के होते हैं जो पत्तों के कक्ष में गुच्छों में लगते हैं। फली 2-4 इंच लम्बी, पतली गोल, दो-दो एक साथ लगती हैं।
- **प्राप्ति स्थानः** वनों में यह पर्याप्त मात्र में पाई जाती है परंतु अधिक दोहन के कारण कम हो रही है।
- **फूल तथा फलः** अगस्त से मार्च तक लगते हैं।
- **औषधीय उपयोगः** सारिवा युगलं स्वादु स्निग्धं शुक्रकरं गुरू।
  अग्निमांघा रूचि श्वासकासामविष नाशनम्।
  दोषत्र्यास प्रदर ज्वरातीसार नाशनम्।। (भावप्रकाश)

(अनंतमूल- स्वादिष्ट, स्निग्ध, शुक्र को उत्पन्न करने वाली, गुरू एवं अग्निमन्दता, अरूचि, श्वास (दमा), खाँसी, आम, विष, त्रिदोष, रक्तप्रदर, ज्वर और अतिसार को नष्ट करती है।)

- गुर्दे की सूजन में जिसमें मूत्र की मात्र कम हो, मूत्र गाढ़ा और लाल रंग का हो तब इसका फांट गिलोय एवं जीरे के साथ देने से मूत्रमार्ग की सूजन तथा जलन कम होती है।
- चर्मरोगों में इसे गिलोय के साथ पीसकर देने से अच्छा लाभ होता है।
- घाव पर इसकी जड़ का लेप सरसों के तैल में मिलाकर लगाते हैं।
- आँख आने पर इसका दूध लगाते हैं।
- जड़ को हल्दी के साथ पीसकर प्रसव उपरान्त महिला को देने से स्तनों में दूध की मात्रा बढ़ जाती है। 10 ग्राम जड़ का चूर्ण गाय के दूध के साथ दिन में एक बार देने से भी दूध की मात्रा बढ़ जाती है।
- अनियमित मासिक धर्म को रोकने के लिये एक कप जड़ का काढ़ा दिन में एक बार 3-4 दिन तक दिया जाता है।

- वीर्य स्खलन रोकने के लिए इसकी तथा गुलसकरी की जड़ का रस 15 दिन तक नियमित देने से लाभ होता है।
- 50 ग्राम जड़ को 10–12 कालीमिर्च के साथ चूर्ण बनाकर दिन में तीन बार 5 दिन तक देने से मलेरिया ठीक हो जाता है।
- 5 ग्राम जड़ को पानी में पीसकर दिन में एक बार एक सप्ताह तक देने से वीर्य स्खलन में लाभ होता है। यह उपचार एक सप्ताह के अन्तर से चलता रहना चाहिये।

अनंतमूल (*Hemidesmus indicus* (L.) R.Br. ex Schult.)

❖ ❖ ❖

5. अमरबेल

- **वानस्पतिक नाम:** कुस्कुटा रेफ्लेक्सा (*Cuscuta reflexa* Roxb.)
- **कुल:** कोनवोलवुलेसिए (Convolvulaceae)
- **अन्यनाम:** संस्कृत - आकाशवल्ली, खवल्ली
  हिन्दी - अमरबेल, आकाशबेल
- **वितरण:** भारत वर्ष के सभी मैदानी भागों में तथा हिमालय में 8000 फीट की ऊँचाई तक पाई जाती है।
- **वर्णन:** यह परजीवी लता होती है एवं वृक्षों के ऊपर चढ़ी हुई पाई जाती है और आश्रित पौधे से ही भोजन ग्रहण करती है। तना पीले रंग का तथा पत्र विहीन होता है। कई तने आपस में गुथे रहते हैं। फूल सफेद व नलिकाकार होते हैं जो एकल या गुच्छों में आते हैं।
- **प्राप्ति स्थान:** ग्रामीण क्षेत्रों एवं वनों में अधिकांशत: बेर एवं बबूल के वृक्षों पर पाई जाती है।
- **फूल तथा फल:** नवंम्बर से मार्च तक आते हैं।
- **औषधीय उपयोग:** खवल्ली ग्राहिणी तिक्ता पिच्छिलाअक्ष्यमयापहा।
  तुवराग्निकरी हृद्या पित्तश्लेष्मामनाशिनी।। (भाव प्रकाश)

(अमरबेल- तिक्त तथा कषाय रसयुक्त, मल संग्राहक, पिच्छल, नेत्ररोग नाशक, जठराग्नि वर्धक, हृदय के लिए हितकर एवं पित्त कफ तथा आम को नष्ट कारने वाली होती है)।

- इसके तने को रात में पानी में डालकर सुबह उस पानी को खुजली में लगाने तथा घाव धोने से लाभ होता है।
- यकृत वृद्धि एवं बिवंध में इसका रस देने से लाभ होता है।
- पौधे के काढ़े को बुखार में तथा मूत्र विकारों में देने से लाभ होता है।
- इसके तने के टुकड़ों को पीलिया में सुबह-शाम सात दिन तक देने से लाभ होता है।
- तने को पीसकर लेप को सरसों के तैल व गेहूँ के आटे में मिलाकर हल्का गर्म करके जोड़ों के दर्द में दिन में दो बार 15 दिन तक लगाने से आराम मिलता है।

अमरबेल (*Cuscuta reflexa* Roxb.)

6. अमलतास

- **वानस्पतिक नामः** कास्सिआ फिस्टुला (*Cassia fistula* L.)
- **कुलः** फाबेसिए (Fabaceae)
- **अन्य नामः** संस्कृत – आरग्वध, राजवृक्ष, सुवर्णक, दीर्घफल

  हिन्दी – अमलतास, सोनहाली, बंदरलौरी

  अँग्रेजी – Indian Laburnum (इंडियन लैबर्नम), Purging Cassia (पार्जिंग केसिआ)
- **वितरणः** भारतवर्ष के सभी मैदानी प्रान्तों के पर्णपाती वनों में पाया जाता है। यह सड़कों के किनारे तथा बाग बगीचों में लगाया जाता है।
- **वर्णनः** यह मध्यम आकार का पर्णपाती वृक्ष होता है। पत्ते संयुक्त होते हैं जो 12 से 18 इंच तक लम्बे पिच्छाक्ष पर 4–8 तक के जोडे में लगे रहते हैं। पत्रक अण्डाकार होते हैं। फूल चमकीले पीले रंग के होते हैं जो बहुत बडे लटकते हुए गुच्छों में लगते हैं। फली एक से दो फीट लम्बी, एक इंच मोटी होती हैं जो प्रारंभ में हरी तथा पकने पर गहरे कत्थई या काले रंग की डण्डे की तरह होती है। जब वृक्ष फूलता है तब बहुत सुन्दर दिखता है।
- **प्राप्ति स्थानः** वनों में यह पर्याप्त मात्रा में पाया जाता है।
- **फूल तथा फलः** फूल अप्रैल से जून तक तथा फल जुलाई से मार्च तक लगते हैं।
- **औषधीय उपयोगः** आरग्वधोगुरूः स्वादुः शीतलाः स्रं सनोत्तमः।।

  ज्वरहृद्रोग पित्तास्त्रवातोदावर्तशूलनुतः।

  तत्लं स्रंसनं रूच्यं कुष्ठपित्तकापहम्।

  ज्वरेतु सततं पथ्यं कोष्टशुद्धिकरं परम् ।। (भावप्रकाश)

(अमलतास – गुरू, मधुर, शीतल और उत्तम रेचक है। यह ज्वर, हृदयरोग, रक्तपित्त, वायु, उदावर्त और शूल को दूर करता है। फल मृदूरेचक, रूचिकारक, कुष्ठ, पित्त तथा कफ को दूर करने वाला होता है। यह ज्वर में सदा हितकर होता है एवं कोष्ठ को अत्यंत शुद्ध करने वाला होता है।)

- फूल का गूदा मृदु विरेचनों में सर्वश्रेष्ठ है। मृदु विरेचन के लिए इसके स्वतंत्र प्रयोग की अपेक्षा 'सनाय' (*Senna alexandrina*) के साथ बनाया हुआ अवलेह अधिक अच्छा है जिससे मरोड, शूल, अफरा आदि नहीं होते।
- जिन्हें कब्जियत की शिकायत हमेशा रहती है उन्हे अल्पमात्रा में फल के गूदे को बराबर सेवन कराया जाता है।
- इसका लेप आमवात एवं चोट या घाव की सूजन आदि पर किया जाता है।
- इसकी छाल के क्वाथ से कवल करने से गले की गाँठो की सूजन कम होती है।
- कोमल पत्तों का रस दाद पर लगाते हैं।

- पत्तों को आमवात तथा लकवा पर मसलकर लगाने से लाभ होता है।
- छाल का रस पेचिश में देने से लाभ होता है।
- तेज बुखार होने पर फली के गूदे का काढ़ा बनाकर तथा इसमें पुराना गुड़ मिलाकर आधा कप दिन में तीन बार दो तीन दिन तक देने से आराम मिलता है।
- फल का गूदा 10 ग्राम की मात्रा में एक गिलास जल में भिगो दें। प्रातः हाथ से मसलकर छान कर पिएं तो कोष्ठबद्धता दूर होती है।

अमलतास (*Cassia fistula* L.)

❖ ❖ ❖

7. अर्जुन

- **वानस्पतिक नाम:** टेर्मिनालिआ अर्जुना [*Terminalia arjuna* (Roxb.) Wight & Arn.]
- **कुल:** कोम्ब्रेटेसिए (Combretaceae)
- **अन्यनाम:** संस्कृत - अर्जुन, घवल, नदीसर्ज, ककुभ
हिन्दी - अर्जुन, काहू, कहुआ
अंग्रेजी - Arjun (अर्जुन)
- **वितरण:** भारत वर्ष के सभी प्रान्तों में पाया जाता है किन्तु हिमालय की तराई, बंगाल, बिहार, मधयप्रदेश, मुम्बई तथा चेन्नई में अधिक होता है।
- **वर्णन:** इसका 60-80 फीट ऊँचा वृक्ष होता है जिसकी छाल बाहर से सफेद और चिकनी तथा पतली परतों में छूटती है। अन्दर से यह लाल रंग की एवं सूक्ष्म धारीदार होती है। पत्ते अमरूद के पत्तों के समान, 4-6 इंच तक लम्बे, छोटी-छोटी टहनियों पर कहीं विपरीत और कहीं एकान्तर लगे रहते है। पत्राधार के पास या पर्णवृत पर ग्रंन्थियाँ होती हैं। फूल सफेद या हल्के पीले मंजरियों में लगे रहते हैं। फल कमरख के समान किन्तु आकार में छोटे, 5-7 पक्ष वाले एवं कुछ अण्डाकार होते हैं।
- **प्राप्ति स्थान:** यह नदियों के किनारे तथा वनों में अत्यधिक पाया जाता है।
- **फूल तथा फल:** फूल अप्रैल से मई तक फल जाड़ों में आते हैं।
- **औषधीय उपयोग:**

ककुभ: शीतलो हृद्य: क्षत क्षय विषास्रजित्।
मेदोमेह व्रणान् हन्ति तुवर: कफपित्तकृत्।।

(भावप्रकाश)

(अर्जुन - कषाय रसयुक्त, शीतल, हृदय को हितकर एवंम् क्षत-क्षय, विष, रक्तविकार, मेद प्रमेह, व्रण, कफ, तथा पित्त का नाशक होता है।)

- हृदय के सभी प्रकार के रोगों में इसकी आधे से एक तौला छाल को दूध में क्षीर पाक विधि से पकाकर देते हैं।
- रक्तपित्त में इसको देने से रक्त वाहिनियों का संकोच होकर रक्त का जमने का कार्य बढ़ने से लाभ होता है।
- स्तम्भक गुण होने के कारण इसकी छाल को दस्त में दिया जाता है।
- छाल का लेप फोड़े तथा फुंसियों पर लगाया जाता है।
- एक चम्मच छाल का काढ़ा गाय के दूध के साथ दिन में दो बार एक महीने तक देने से दमा में लाभ होता है।
- छाल का काढ़ा हृदय के लिये अच्छा टोनिक है।

- हड्डी टूटने पर अर्जुन की छाल का चूर्ण दूध के साथ लेने से लाभ होता है। हड्डी टूट जाने पर उसे यथा स्थान बैठाने के बाद छाल का लेप टूटे स्थान पर लगाने से लाभ होता है । ताजे पत्तों के रस की बूंद कानदर्द में डालने से आराम मिलता है।
- 2 ग्राम चूर्ण गर्म पानी के साथ खाने से रक्त प्रदर तथा श्वेत प्रदर ठीक हो जाता है।

अर्जुन [*Terminalia arjuna* (Roxb.) Wight & Arn.]

8. अरनी

- **वानस्पतिक नाम:** क्लेरोडेंड्रुम फ्लोमिडिस (*Clerodendrum phlomidis* L. f.)
- **कुल:** लामिऐसिए (Lamiaceae)
- **अन्यनाम:** संस्कृत- अग्निमंथ, श्रीपर्णी
  हिन्दी - अरनी, इन्नी
- **वितरण:** यह महाराष्ट्र, गुजरात, राजस्थान, उत्तर प्रदेश तथा मध्य प्रदेश में पाई जाती है।
- **वर्णन:** यह बड़ी फैलने वाली झाड़ी होती है, जिसकी शाखाएं हलके खाकी रंग की एवं मृदुरोमश होती हैं। पत्तियाँ विपरीत, वृंतयुक्त, लट्वाकार, 2 इंच तक लम्बी-चौड़ी व दंतुर, होती हैं। फूल सफेद एवं सुगंधित होते हैं जो कक्षीय या शीर्षस्थ गुच्छों में लगते हैं। फल अभि अण्डाकार, दबे हुए, सूखने पर चार भागों में फट जाते हैं।
- **प्राप्ति स्थान:** बेहड़ों, सड़कों के किनारे, गाँवों के आसपास सूखे स्थानों में पाया जाता है।
- **फूल तथा फल:** सितंबर से फरवरी तक आते हैं।
- **औषधीय उपयोग:** अग्निमंथः श्वयथुनुद्वीर्योष्णः कफवातहृत्।
  पाण्डुनुत्कटुक स्तिक्तस्तुवरो मधुरोग्निदः।।

(भावप्रकाश)

(अरनी- शोथ नाशक, उष्णवीर्य, कफवात तथा पाण्डुरोग को दूर करने वाली, कटु, तिक्त, कषाय तथा मधुर रस युक्त एवं अग्नि वर्धक है।)

- आमवात में इसकी जड़ सोंठ एवं काली मिर्च के साथ पीसकर देते हैं। पत्तियों का रस भी आमवात में दिया जाता है।
- इसकी जड़ का काढ़ा बुखार में दिया जाता है।
- इसके पत्तियों का रस मधुमेह में लाभकारी होता है।
- मोंच तथा शरीर की पीड़ा में पत्तियों को पीसकर लेप लगाते हैं।
- त्वचा रोगों में पत्तियों का रस दिन में दो बार पिलाने से लाभ होता है।
- पत्तियों का रस बवासीर में लगाते हैं।
- दाँत दर्द में तने के काढ़े से कुल्ला करते हैं।
- पशुओं के खुरपका रोग में पत्तियों का रस पिलाते हैं।
- सूजन पर भी पत्तियों का लेप लगाया जाता है।

अरनी (*Clerodendrum phlomidis* L. f.)

9. असगंध

- **वानस्पतिक नामः** विथानिआ सोम्निफेरा [*Withania somnifera* (L.) Dunal]
- **कुलः** सोलानेसिए (Solanaceae)
- **अन्यनामः** संस्कृत - अश्वगंधा, वराहकर्णी, हयगंध
  हिन्दी - असगंध
  अंग्रेजी - Winter Cherry (विन्टर चेरी)
- **वितरणः** भारतवर्ष के अधिकतर प्रान्तों में तथा हिमालय में 5000 फीट की ऊँचाई तक पाया जाता है।
- **वर्णनः** यह तीन से चार फीट ऊँचा, बहुशाखित, रोंयेदार, छोटी झाड़ीनुमा पौधा है। पत्ते एकान्तर, 2-4 इंच लम्बे, 1-2 इंच चौड़े, लट्वाकार, सूक्ष्म ताराकार रोमों से युक्त होते है। फूल पीले हरे, छोटे, गुच्छों में पत्रकोंणो में निकलते हैं। फल गोलाकार, रसभरी के समान कवच के भीतर तथा पकने पर लाल हो जाते हैं। बीज छोटे, पीले वृक्काकार, चिकने और चपटे होते हैं।
- **प्राप्ति स्थानः** यह परती जमीन तथा नदी-नालों के आसपास की गंदी जमीन पर मिलता है।
- **फूल तथा फलः** अक्टूबर से फरवरी तक आते हैं।
- **औषधीय उपयोगः**

अश्वगंधा निलश्लेष्म श्वित्रशोथ क्षयापहा ।
बल्या रसायनी तिक्ता कषायोष्णातिशुक्रला ।।

(भावप्रकाश)

(असगंध - तिक्त तथा कषाय रस युक्त, उष्णवीर्य, बलकारक, अत्यंत शुक्रवर्धक, रसायन एवं वात, कफ, श्वेत कुष्ठ, शोध और क्षय को दूर करने वाला होता है।)

- असगंध के चूर्ण को आँवले के रस में मिलाकर एक से डेढ़ ग्राम सेवन करने से आँखों की रोशनी बढ़ती है, बालों का पकना रुकता है, चेहरा ओजस्वी तथा कान्तिमय हो जाता है ।
- दुर्बलता तथा कमजोरी में 5 ग्राम जड़ का चूर्ण गर्म पानी या गर्म दूध के साथ शक्कर मिलाकर दिन में एक या दो बार 15 दिन तक देने से लाभ होता है।
- क्षय व बच्चों के सूखा रोग आदि में इसके आधे से एक तौला जड़ के चूर्ण को थोड़े घी में गरम कर दूध एवं शक्कर मिलाकर देते हैं। यह उत्तम पौष्टिक है। बच्चों के लिये बहुत ही अच्छा है इससे बच्चों का सूखना बंद हो जाता है।

- स्त्रियों के कमरदर्द एवं श्वेत प्रदर में जड़ का 10 ग्राम चूर्ण सुबह-शाम खाने से लाभ होता है।
- बद, गाँठों की सूजन तथा फोड़े आदि पर इसके लेप से लाभ होता है।
- जड़ पीसकर लेप को दूध के साथ महिलाओं को प्रसूतिका ज्वर में देते हैं।
- लगभग 4 अंगुल जड़ का काढ़ा दिन में एक बार 15 दिन तक अनैच्छिक वीर्य स्खलन में देने से लाभ होता है।
- जड़ का स्वरस दमा तथा गले की सूजन में देते हैं।
- जड़ तथा पत्तों को पीसकर फोड़ा, फुंसी तथा सूजन पर लगाते हैं।

असगंध [*Withania somnifera* (L.) Dunal]

10. आँवला

- **वानस्पतिक नामः** फील्लांथुस एम्बलिका (*Phyllanthus emblica* L.)
- **कुलः** फील्लांथेसिए (Phyllanthaceae)
- **अन्यनामः** संस्कृत - आमलकी, धात्री
  हिन्दी - आँवला, आमला
  अंग्रेजी - Emblic Myrobalan (एम्बलिक मैरोबैलन)
  Indian Gooseberry (इंडियन गूजबेरी)
- **वितरणः** भारतवर्ष के प्रायः सभी प्रान्तों में पाया जाता है।
- **वर्णनः** यह मध्यम आकार का पर्णपाती वृक्ष होता है जिसकी छाल हल्की धूसर, पतली, पर्त छोड़ती हुई होती है। पत्ते छोटे-छोटे, आयताकार पंखवत् व्यवस्थित तथा इमली के पत्तों के समान होते हैं। फूल छोटे, हरे पीले रंग के, गुच्छों में प्रायः पत्तों के नीचे शाखाओं से सटे रहते हैं। नर और मादा पुष्प एक ही वृक्ष पर लगते हैं। फल गोल चमकदार, पीले-हरे और 6 रेखाओं से युक्त होते हैं। इनके भीतर षट्कोण बीज होता है।
- **प्राप्ति स्थानः** वनों में यह बहुतायत में पाया जाता है।
- **फूल तथा फलः** फूल अप्रैल से मई तक तथा फल जून से दिसम्बर तक लगते हैं।
- **औषधीय उपयोगः**

हन्तिवातं तदम्ल त्वापित्तं माधुर्य शैत्यतः।
कफं रूक्ष कषाय त्वात्फलं धाज्या स्त्रिदोषजित।।

(भावप्रकाश)

(आँवला- अम्ल रसयुक्त होने से वायु को तथा मधुर रस युक्त और शीतल होने से पित्त को और रूक्ष और कषाय रस युक्त होने से क को दूर करता है। अतएव यह त्रिदोष नाशक है।)

- सूखे आँवले तथा जामुन की गुठली का चूर्ण एक-एक चम्मच सुबह-शाम गाय के दूध के साथ सेवन करने से मधुमेह में आराम मिलता है ।
- आँवले के पत्तों के काढ़े से कुल्ला करने से मुख के छाले ठीक हो जाते हैं।
- इसके कोमल पत्तों को छाछ के साथ देने से अजीर्ण और दस्त में लाभ होता है।
- पेड़ पर लगे हुए आँवलों को चीरने से जो रस निकलता है उससे आँख धोने से आँख रोग ठीक होता है। उसी प्रकार इसके बीजों की मीगी के काढ़े से आँख धोने से आंखों का दर्द दूर होता है। आँख धोने के लिए रातभर जल में भिगोये आँवले के चूर्ण का पानी भी उपयोगी है।
- लोह भस्म के साथ आँवले का उपयोग पीलिया में विशेष लाभकर होता है।

- आँवले का बस्तिप्रदेश पर लेप मूत्रावरोध में एवं गर्भाशय मुख पर रक्तप्रदर में उपयोगी है। आँवले का विशेष उपयोग च्यवनप्रास, आमलकी रसायन, क्रिला एवं धात्री लौह में किया जाता है।
- ताजे सूखे आँवले के चूर्ण को लेकर उसको ताजे आँवले के रस की भावना देकर सुखाना चाहिये। इस चूर्ण की 3–6 माशा की मात्रा गाय के घी तथा शहद के साथ दिन में दो बार लेनी चाहिये। इसके सेवन से शरीर की सभी क्रियाएं सुधर कर शरीर पुष्ट एवं बलवान बनता है। स्मृति, मेघा, कांन्ति बढ़ती है। श्वांस, कास, क्षय, पाण्डु, अग्निमाद्य, वीर्य दोष आदि दूर होते हैं।
- आँवले का रस मूत्रकृच्छ, रक्तपित्त, पित्तजशूल, कामला, हिक्का, वमन, जीर्णविबन्ध में मिश्री मिलाकर शर्वत के रूप में बहुत लाभदायक है।
- आँवले का चूर्ण बवासीर, अतिसार, संग्रहणी, अत्यार्तव एवं शीत में उपयोगी है।

आंवला (*Phyllanthus emblica* L.)

11. आक

- **वानस्पतिक नामः** कालोट्रोपिस प्रोसेरा [*Calotropis procera* (Aiton) W.T. Aiton]
- **कुलः** अपोसीनेसिए (Apocynaceae)
- **अन्य नामः** संस्कृत – रक्तार्क, रक्तपुष्प, शुक्लफल, आस्फोट
  हिन्दी – आक, मदार, आकड़ा
- **वितरणः** भारतवर्ष के सभी प्रान्तों में उष्ण तथा शुष्क स्थानों में पाया जाता है।
- **वर्णनः** यह उधर्व, प्रायः 4-6 फीट ऊँचा, बहुवर्षीय झाड़ी नुमा पौधा है जिसके तने एवं पत्तों में सफेद दूध होता है। पत्ते मांसल, चौड़े, लट्वाकार – आयताकार, अण्डाकार या अभि लट्वाकार होते हैं। फूल सुगंधित एवं गुच्छो में आते हैं। दलपुंज सफेद रंग के तथा सीधे ऊपर की ओर उठे हुए होते हैं जिनके ऊपर जामुनी रंग के दाग होते हैं। फल गोल, अण्डाकार व मुड़े हुये होते हैं। बीज रूईदार होते हैं जो फल के फटने पर हवा में पैरासूट की तरह उड़ते हैं।
- **प्राप्ति स्थानः** यह सड़कों के किनारे, गंदी जमीन तथा खुले एवं शुष्क स्थानों में पाया जाता है।
- **फूल तथा फलः** मार्च से मई तक आते हैं।
- **औषधीय उपयोगः** अर्कद्वयं सरं वातकुष्ठकण्डू विषव्रणान।
  निहन्ति प्लीहा गुल्मार्शः श्लेष्मोदरशकृत्कृमीन।।
  (भावप्रकाश)

(दोनों प्रकार के आक (रक्तार्क तथा श्वेतार्क) – दस्तावर तथा वात, कुष्ठ, खुजली, विष, व्रण, प्लीहा, गुल्म, बवासीर, कफ, उदररोग एवं मल के कृमि इन सबों को नष्ट करते हैं।)

- सभी प्रकार के चर्मरोगों में जड़ की छाल को पानी में पीसकर लगाते हैं या खुजली अधिक होने पर निम्बौली के तैल में घिसकर लगाते हैं।
- मलेरिया में इसकी छाल पान के साथ दिन में दो बार तीन दिन तक खिलाने से ठीक हो जाता है।
- जीर्ण आमवात में छाल का चूर्ण सोंठ के साथ रात को देने से पसीना होता है जोडों का दर्द कम होता है एवं नींद आती है।
- कुपचन में आधी रत्ती छाल देने से पाचन शक्ति बढ़ती है।
- मोंच, मरोड़ एवं जोड़ों के दर्द में नमक के साथ इसका दूध लगाने से सूजन कम होती है।
- दाद एवं छाजन आदि त्वचा के रोगों में एवं आमवात में इसके दूध को हल्दी के साथ तिल के तैल में उबालकर मालिश करते हैं।

- दाँत दर्द में दाँत के गड्ढ़े में इसे लगाने से दर्द कम होता है।
- खांसी एवं दमा में फूलों को उबालकर खिलाते हैं।
- इसके पत्तों को एरण्ड का तैल लगाकर गरम करके सूजन पर बाँधने से सूजन तथा पीड़ा कम होती है।
- इसके पत्तों को तैल में उबालकर चोट पर तैल की मालिश करते हैं।
- घाव पर पत्तों का चूर्ण लगाने से घाव जल्दी ठीक हो जाता है।
- आक के पके हुए पीले पत्तों को गर्म करके कान पर बाँधने से कान का दर्द बंद हो जाता है।
- पौधे के ताजे रस को तीन से चार सप्ताह तक दाद एवं खुजली में लगाने से लाभ होता है।
- इसकी कोमल शाखाओं को आग में गरम करके ठण्डा करते हैं। इन शाखाओं से रोजाना दातून करने से पायरिया ठीक हो जाता है तथा मसूढ़े मजबूत होते हैं।

आक [*Calotropis procera* (Aiton) W. T. Aiton]

12. इमली

- **वानस्पतिक नामः** टामारिंडुस इंडिका (*Tamarindus indica* L.)
- **कुलः** फाबेसिए (Fabaceae)
- **अन्यनामः** संस्कृत – अम्लिका, चुक्रिका, अम्ली

  हिन्दी – इमली

  अंग्रेजी – Tamarind Tree (टेमरिंड ट्री)
- **वितरणः** इमली के वृक्ष प्रायः सभी प्रान्तों में पाये जाते हैं।
- **वर्णनः** इसका वृक्ष बहुत बड़ा व सदाहरित होता है तथा शाखाएं बहुत फैली हुई होती हैं। पत्ते 2–5 इंच लम्बे व संयुक्त पक्षाकार होते हैं। पत्रक संख्या में 10–20 जोड़े, आयताकार, कुण्ठिताग्र एवं चिकने होते हैं। फूल लाली लिये हुये पीले रंग के आते हैं। फलियाँ 3–8 इंच लम्बी, 1 इंच चौड़ी, कुछ टेड़ी एवं भूरे रंग की होती हैं। बीज 3–12, चिकने, चमकीले, चपटे तथा भूरे रंग के होते हैं।
- **प्राप्ति स्थानः** वनों, गाँवों तथा सड़कों के किनारे पाई जाती है।
- **फूल तथा फलः** फूल जून से अगस्त तक तथा फल जाड़ों में आते हैं।
- **औषधीय उपयोगः**

अम्लिकाअम्ला गुरूर्वातहरी पित्कफास्त्रकृत् ।
पक्कातुदीपनी रूक्षा सरोष्णा कफवातनुत्।।

(भावप्रकाश)

(कच्ची इमली – अम्ल रस युक्त, गुरू, वातनाशक, एवं पित्त क तथा रूधिर विकार को ठीक करने वाली होती है। पकी इमली–अग्निदीपक, रूक्ष, सारक, उष्ण एवं कफ तथा वात नाशक होती है)

- ज्वर में बदहजमी एवं दाह होने पर फल का पन्ना बनाकर देते हैं।
- फली की सूखी त्वचा की 15–20 ग्राम राख पेट के दर्द एवं मंदाग्नि में दी जाती है।
- इसकी छाल की राख क्षारीय एवं मूत्रजनन होती है तथा सूजाक में दी जाती है।
- पत्तों को पीसकर घाव की सूजन में बाँधते हैं। इसके बीज प्रमेह में लाभदायक होते हैं।
- पत्तों को पीसकर सूजन, फोड़ा तथा दाद पर लगाते हैं। इसे छोटी माता, आँख के रोग तथा कान दर्द में भी लगाते हैं।
- पकी हुई फली का गूदा तथा पत्तों की पुल्टिस बनाकर सूजन पर लगाते हैं।
- फूलों की पुल्टिस बनाकर आँखों की सूजन (आँख आने) पर लगाते हैं।
- फूलों का रस खूनी बवासीर में दिया जाता है।
- पत्तों को पीसकर पानी मिलाकर ठण्डे पेय के रूप में पिया जाता है।

इमली (*Tamarindus indica* L.)

❖ ❖ ❖

13. ईश्वरमूल

- **वानस्पतिक नामः** अरिस्टोलोकिआ इंडिका (*Aristolochia indica* L.)
- **कुलः** अरिस्टोलोकिएसिए (Aristolochiaceae)
- **अन्यनामः**
  संस्कृत – नाकुली, ईश्वरी, अर्कमूल
  हिन्दी – ईश्वर मूल, रूद्रजटा
  अंग्रेजी – Indian Birth¡rt (इंडियन वर्थ वर्ट)
- **वितरणः** यह लता भारत वर्ष के लगभग सभी प्रांतो व विशेषकर दक्षिण कोंकण में पाई जाती है।
- **वर्णनः** यह एक आरोही लता है इसका तना गोल, चिकना तथा लम्बाई में धारीदार होता है तथा इसमें कपूर जैसी गंध आती है। पत्ते हरे, विभिन्न आकार के डण्ठल की तरफ चौड़े तथा अग्रभाग पर नुकीले होते हैं। फूल छोटे, हरे से रंग के, पत्तों के कक्ष में गुच्छों में निकलते हैं। फल कण्डील जैसे विचित्र आकार के होते हैं। पकने पर यह 6 भागों में फटते हैं। बीज अण्डाकार, चपटे एवं पंखयुक्त होते हैं।
- **प्राप्ति स्थानः** वनों से अधिक विदोहन के कारण कम मिलती है।
- **फूल तथा फलः** अगस्त से फरवरी तक लगते हैं।
- **औषधीय उपयोगः** नाकुली तुवरातिक्ता कटुकोष्णा विनाशयेत्।
  भोगिलूता वृश्चिकाखु विषज्वर कृमिव्रणन ।।
  (भावप्रकाश)

(ईश्वरमूल–कषाय, तिक्त, कटु रस युक्त तथा उष्णीवीर्य होती है और सर्प, मकड़ी, बिच्छू तथा मूसा इन सबों के विष को दूर करने वाली एवं ज्वर कृमि तथा व्रण को भी नष्ट करने वाली होती है)।

- मिरच के साथ इसका प्रयोग पाचन के विकार जैसे कुपच, दस्त, तथा पेट दर्द आदि में बहुत लाभदायक है।
- सर्प विष में इसके पत्तों का रस या जड़ के चूर्ण को काली मिरच के साथ खिलाते हैं तथा बाहर से लेप भी करते हैं। यह सर्प विष के लिए रामबाण औषधि है।
- जड़ का चूर्ण शहद के साथ स्वेत कुष्ठ में दिया जाता है ।
- जड़ का चूर्ण बुखार तथा बच्चों के छोटे-मोटे रोग जैसे अजीर्ण तथा वायु विकार में देने से लाभ होता है।
- कष्ट प्रसव तथा प्रसव के बाद गर्भाषय संसोधन के लिये ईश्वरमूल, पिप्पली मूल के साथ देते हैं। रजोरोध और कष्टार्तव में भी प्रयुक्त होता है।

- सर्प, बिच्छू, चूहा आदि प्राणियों के विष में इसके पत्तों का रस या जड़ पीसकर पिलाते हैं।
- ताजे पत्तो का रस बच्चों को श्वास संबंधी रोगों में दिया जाता है, जिससे उल्टी होकर कफ आदि निकल जाता है।

ईश्वरमूल (*Aristolochia indica* L.)

❖ ❖ ❖

14. ऊँट कटेरा

- **वानस्पतिक नामः** एकिनोप्स एकिनाटुस (*Echinops echinatus* Roxb.)
- **कुलः** अस्टेरेसिए (Asteraceae)
- **अन्य नामः** संस्कृत - कंटालू, ऊटाटी, उत्कंटक
  हिन्दी - ऊँट कटेरा, ऊँट काँटा
  अॅंग्रेजी - Globe Thistle (ग्लोब थिसल)
- **वितरणः** समस्त भारतवर्ष में 5000 फीट की ऊँचाई तक पाया जाता है।
- **वर्णनः** यह एक से तीन फीट ऊँचा, अनेक शाखायुक्त, एक वर्षीय रोंयेदार पौधा है। पत्ते 3-5 इंच लम्बे, एकान्तर, अवृंत, काँटेदार तथा निचली सतह पर रूई सदृश रोंयेदार होते हैं। मुण्डक संयुक्त, सफेद, गोल तथा काँटेदार होता है।
- **प्राप्ति स्थानः** यह सूखे खेतों, सड़कों के किनारे तथा परती भूमि में पाया जाता है।
- **फूल तथा फलः** जनवरी से जून तक लगते हैं।
- **औषधीय उपयोगः**

- जड़ को पीसकर लेप को मवेशी के घाव में कीड़े पड़ जाने पर लगाते हैं।
- जड़ को पीसकर बबूल के गोंद में मिलाकर सिर में लगाने से जुँए मर जाते हैं।
- सुगम एवं शीघ्र प्रसव हेतु पत्तों को पीसकर लेप को महिला के सिर पर रखते हैं जिससे प्रसव सीघ्र हो जाता है। प्रसव उपरान्त इसे तुरन्त हटा देना चाहिये।
- जड़ का काढ़ा बनाकर महिला को देने से प्रसव आसानी से हो जाता है।
- जड़के काढ़े को गाय के दूध में मिलाकर धातु पुष्टता हेतु सुबह-शाम देते हैं।
- पौधे को पीसकर रस को बुखार में देते हैं।
- पौधे का काढ़ा बनाकर कुपच में देने से लाभ होता है।

ऊँट कटेरा (*Echinops echinatus* Roxb.)

❖ ❖ ❖

15. एकडण्डी

- **वानस्पतिक नामः** ट्रिडाक्स प्रोकुंबेंस (*Tridax procumbens* L.)
- **कुलः** अस्टेरेसिए (Asteraceae)
- **अन्यनामः** हिन्दी–एकदण्डी, विषल्यकर्णी, बारामासी,संजीवनी, घावपत्ती, घामरा
  अंग्रेजी – Coat Buttons (कोटबटंस)
- **वितरणः** संम्पूर्ण भारत वर्ष में पाया जाता है।
- **वर्णनः** यह नाजुक, जमीन पर लेटा हुआ, विचरित, रोमिल, एकवर्षीय या बहुवर्षीय पौधा होता है जिसके तने के अंत में फूल लगता है। पत्तियाँ 3–6 सेमी. लम्बी, अण्डाकार या अण्डाकार–भालाकार, अनियमित दंतुर, खंडित तथा नीचे एवं ऊपरी सतह पर रोमयुक्त होती हैं। पुष्पक्रम एकल एवं लम्बे पुष्पावली वृंत पर लगता है। फूल पीले रंग के हाते हैं।
- **प्राप्ति स्थानः** परती भूमि, सड़कों के किनारे, घास के मैदानों, उद्यानों एवं पार्कों में उगता है।
- **फूल तथा फलः** वर्ष भर आते हैं।
- **औषधीय उपयोगः**

- पत्तियों को पीसकर लेप को घाव, फोड़ा, जले व कटे स्थान पर लगाने से लाभ हाता है।
- रक्त का बहना रोकने हेतु पत्तियों का लेप लगाते हैं जिससे रक्त तुरंत जम जाता है।
- खूनी बवासीर में पौधे को पीसकर लेप लगाने से लाभ होता है।
- आमवात में जड़ को पीसकर अरण्डी के तैल में मिलाकर लगाते हैं।
- पत्तियों का का रस कान में डालने से कान दर्द ठीक हो जाता है।
- बालों का झड़ना रोकने हेतु पत्तियों का रस बालों में लगाते हैं।
- दाद, खाज, खुजली में पत्तियों का लेप लगाने से अराम मिलता है।
- पाइरिया में मंजन के साथ पत्तियों के रस की बँदें मिलाकर मंजन करने से लाभ होता है।
- कमरदर्द, आमवात तथा जोडों के दर्द में समूचे पौधे का रस निकालकर तिल के तैल में पकाकर तैल से मालिश करते हैं।
- नपुंशकता को दूर करने के लिए पौधे के रस को तिल के तैल में कोपर सल्फेट मिलाकर धीमी आंच में पकाकर तैल को लिंग पर मालिश करने से कामोत्तेजना बढ़ती है तथा शिथिल कोशिकाएं शक्रिय होती हैं।
- गुर्दे की पथरी में पत्तियों के लेप को सोंफ के पाउडर तथा मिश्री मिलाकर खाली पेट पानी के साथ 7 दिन तक देने से लाभ होता है।
- बिच्छू काटने के स्थान पर पत्ती का लेप लगाने से दर्द दूर होता है।

रक्तप्रदर, श्वेतप्रदर व अनियमित मासिकस्राव में पत्तियों का रस पिलाने से आराम मिलता है।

पत्ती का रस मिश्री के साथ देने से पेट की सूजन ठीक होती है।

पत्तियों का रस अतिसार व पेचिश में देने से लाभ होता है।

पौधे का लेप सर में लगाने से सरदर्द ठीक होता है।

एकदण्डी (*Tridax procumbens* L.)

16. ओंधफली

- **वानस्पतिक नाम:** कोर्कोरुस डेप्रेस्सुस [*Corchorus depressus* (L.) Peterm.]
- **कुल:** मालवेसिए (Malvaceae)
- **अन्यनाम:** हिन्दी - ओंधफली, रतनजोत, बहुफल्ली, चमकस
- **वितरण:** भारत वर्ष के प्राय: सभी प्रान्तों पाई जाती है।
- **वर्णन:** यह जमीन पर फैलने वाला, बहुवर्षीय पौधा है जिसकी जड़ों से लाल रंग निकलता है। पत्तियाँ वलित, दंतुर या कुण्ठदंती एवं छोटे वृंत वाली होती हैं। फूल पीले रंग के होते हैं जो छोटे, दृड़ पुष्पावली वृंत पर लगते हैं। फलियाँ गोल, लम्बी, तिरछी होती हैं जो जमीन की ओर नीचे की तरफ लगती हैं।
- **प्राप्ति स्थान:** कंकरीली जमीन में बेहड़ों में पाई जाती है।
- **फूल तथा फल:** अगस्त से नवंबर तक में आते हैं।
- **औषधीय उपयोग:**

ओंध्फली का समूचा पौधा, निर्गुण्डी कंद (।समबजतं चंतेंपजपबं `चण बीपजतांनजमदेपे) तथा सफेद मूसली की जड़ को पीसकर छानकर रस को गाय के दूध व मिश्री मिलाकर मनुष्य को देने से वीर्यवृ) होती है।

ओंध्फली, शंखपुष्पी तथा गोखरू का काढ़ा दिन में एक बार 7 दिन तक देने से शरीर की सूजन कम होती है।

समूचे पौधे को पीसकर रस को कामोद्दीपक के रूप में देते हैं। इससे वीर्यवृ) होती है एवं नपुंशकता दूर होती है।

गर्भपात रोकने हेतु एवं अनियंत्रित माहवारी में महिलाओं को समूचे पौधे का रस पिलाते हैं।

ञलियों को कार्डियो टोनिक के रूप में खिलाते हैं।

लीवर टोनिक व हेल्थ टोनिक के रूप में तथा मूत्र संबंधी विकारों में समूचे पौधे को पीसकर रस पिलाते हैं।

ञलियों को पीसकर दस्त व पेचिश में देने से लाभ होता है।

मधुमेह में पौधे का चूर्ण सुबह-शाम खाने से लाभ होता है।

मिर्गी आने पर जड़ को पीसकर पिलाते हैं।

घाव पर पत्तियों का लेप लगाते हैं।

ओंधफली [*Corchorus depressus* (L.) Peterm.]

17. कंघी

- **वानस्पतिक नाम:** अबुटिलोन इंडिकुम [*Abutilon indicum* (L.) Sweet]
- **कुल:** मालवेसिए (Malvaceae)
- **अन्यनाम:** संस्कृत - अतिबला, कंकतिका
हिन्दी - कंघी, ककही, ककहिया
अंग्रेजी - Indian Mallow (इंडियन मैल्लो)
- **वितरण:** समस्त भारत वर्ष में पाई जाती है।
- **वर्णन:** यह बहुशाखित झाड़ी नुमा पौधा होता है जिसके तने पर सफेद रंग के मखमली रोम होते हैं। पत्ते एकान्तर, अण्डाकार-हृदयाकार, दंतुर, मृदुरोमश तथा लम्बे वृंतयुक्त होते हैं। फूल पीले या पीले नारंगी रंग के होते हैं जो एकल तथा पत्तों के कक्ष से निकलते हैं। पुष्पवृंत पत्रवृंत से अधिक लम्बा होता है तथा ऊपर छोर के पास जुड़ा होता है। फल चक्राकार गोल कंघी की तरह होते हैं। बीज भूरे या काले रंग के होते हैं।
- **प्राप्ति स्थान:** यह सड़कों के किनारे व झाड़ियों के मध्य पायी जाती है।
- **फूल तथा फल:** वर्षाऋतु से शीतकाल तक लगते हैं।
- **औषधीय उपयोग:** वलाचतुष्टयं शीतं मधुरं बलकान्तिकृत ।
स्निग्धं ग्राहि समीरस्त्र पितास्त्र क्षतनाशनम्।। (भावप्रकाश)

(कंघी - शीतवीर्य, मधुर रसयुक्त, बलकारक, कान्तिकारक, स्निग्ध एवं ग्राही होती है, और वायु रक्तपित्त, रक्त विकार तथा व्रण को दूर करने वाली होती है।)

मसूड़े ढीले हों तथा दाँत दर्द हो तो इसके पत्तों के काढ़े से कुल्ला करते हैं।

घाव तथा फोडे आदि पर इसके फूल तथा पत्तों का लेप किया जाता है।

रक्तप्रदर में इसकी जड़ का चूर्ण, शक्कर तथा शहद के साथ दिया जाता है।

जड़ का फांट बुखार में देने से आराम मिलता है।

पत्तों की सब्जी बनाकर बवासीर में खाते हैं। बवासीर के रोगियों को 5 से 7 पत्तियाँ 2-3 काली मिर्च के दानों के साथ पीसकर प्रातः काल पीने से लाभ होता है।

पत्तों का काढ़ा, श्वास नली शोथ, दस्त, सूजाक तथा बुखार में देते हैं।

बीजों का उपयोग बाजीकारक के रूप में, बवासीर में तथा खाँसी में किया जाता है।

अति मासिक स्राव, खून गिरना तथा खूनी दस्त में कंघी की 5- 10 ग्राम पत्ती लेने से लाभ होता है।

बच्चों का सूखा रोग होने पर कंघी की पत्ती गुड़ के साथ पीसकर बच्चे के ब्रह्मरन्ध्र पर टिकिया बना कर बांधने से लाभ होता है।

कंघी [*Abutilon indicum* (L.) Sweet]

18. कंटकरंज

- **वानस्पतिक नामः** गुइलांडिना बोंडूक (*Guilandina bonduc* L.)
  [syn. *Caesalpinia bonduc* (L.) Roxb.]
- **कुलः** फाबेसिए (Fabaceae)
- **अन्य नामः** संस्कृत - लता करंज, पूतिकरंज, कुबेराक्ष
  हिन्दी - करंज, कंटकरंज, कंजा, सागरगोटा
  अंग्रेजी - Bonduc Nut (बॉण्डूक नट) Physic Nut (फिजिक नट) Fever Nut (फीवरनट)
- **वितरणः** भारतवर्ष के गरम प्रान्तों विशेषकर समुद्री किनारों तथा पहाडों पर 2500 फीट की ऊँचाई तक पाई जाती है।
- **वर्णनः** यह सघन, काँटेदार झाडी या आरोही लता होती है जिसकी शाखाओं पर सीधे, तीक्ष्ण तथा पीले रंग के काँटे होते हैं। पत्ते संयुक्त, द्विपक्षाकार तथा एक फीट लम्बे होते हैं। पत्रदण्ड के काँटे टेढ़े होते हैं। फूल हल्के पीले तथा लम्बी मंजरियों में होते हैं। फली चौड़ी, आयताकार, 2-3 इंच लम्बी, करीब 2 इंच चौड़ी, 1-2 बीजों से युक्त, तथा इसके ऊपर सघन, तीक्ष्ण काँटे होते हैं। बीज गोल या अण्डाकार, चिकने तथा कठोर होते हैं।
- **प्राप्ति स्थानः** वनों में यह वृक्षों पर चढ़ी हुई पाई जाती है परंतु कम मिलती है।
- **फूल तथा फलः** अगस्त से अक्टूबर तक आते हैं।
- **औषधीय उपयोगः** करंजः कटुकस्तीक्ष्णो वीर्योष्णो योनिदोषहृत्।
  कुष्ठोदार्वत्त गुल्मार्शो व्रण कृमि कफापहः ।।

(भावप्रकाश)

(कंटकरंज - कटुरस युक्त, तीक्ष्ण, उष्णवीर्य, योनिदोष को दूर करने वाली तथा कुष्ठ, उदार्वत, गुल्म, बवासीर, व्रण, कृमि तथा कफ का नाशक होती है।)

- इसके बीज शीत ज्वर तथा विशेषकर मलेरिया के लिए बहुत लाभदायक हैं। बीजों का चूर्ण काली मिरच के साथ 5-10 रत्ती की मात्रा में बुखार आने के पूर्व दिया जाता है। इसे खाली पेट नहीं देना चाहिये।
- अजीर्ण में हींग के साथ बीज का उपयोग किया जाता है।
- कुपचन में मिरच के साथ इसका चूर्ण मट्ठा के साथ देते हैं।
- इसके बीजों का चूर्ण एरण्ड पत्र पर डालकर अण्डवृद्धि एवं अण्डशोथ (सूजन) पर बाँधते हैं।
- शीत ज्वर में पत्तों का रस हींग के साथ या बीजों का चूर्ण काली मिरच के साथ उपयोग किया जाता है।

- सूतिका ज्वर में यह अनेक प्रकार से हितकर है। इससे ज्वर कम होता है, गर्भाशय संकोच होता है, पेट की पीड़ा बंद होती है, रक्त अच्छी तरह गिरता है और जख्म हो तो शीघ्र भर जाता है।
- आमबात व संधिवात में इसका तैल लगाते हैं।
- यकृत विकारों में कोमल पत्तों का उपयोग किया जाता हैं। कोमल पत्तों को बच्चों के पेट के कीडे निकालने तथा बुखार में पीसकर पिलाते हैं।
- इनको दाँत दर्द में भी लगाते हैं। गला खराब होने पर पत्तों के काढ़े से कुल्ला करते हैं।
- पत्तों तथा बीजों को एरण्ड तैल में सेककर बवासीर व अण्डशोथ की सूजन पर बाँधते हैं।
- पत्तों तथा छाल को पीसकर लेप को 3–7 दिन तक खुजली में लगाते हैं।

कंटकरंज (*Guilandina bonduc* L.)

19. कंदूरी

- **वानस्पतिक नामः** कोक्सिनिआ ग्रांडिस [*Coccinia grandis* (L.) Voigt]
- **कुलः** कुकुरबिटेसिए (Cucurbitaceae)
- **अन्य नामः** संस्कृत - बिम्बी, रक्तफला, तुण्डी
  हिन्दी - कंदूरी, कुन्दरू, कुनरी
  अंग्रेजी - Ivy-Goard (आइवी गोर्ड)
- **वितरणः** भारतवर्ष के सभी प्रान्तो में पाई जाती है।
- **वर्णनः** यह बहुवर्षीय, आरोही लता होती है जिसके प्रतान साधारण तथा तना पंचकोणीय होता है। पत्ते लट्वाकार या वृत्ताकार, 3-5 खण्ड या कोण युक्त और चिकने होते हैं। फूल सफेद होते हैं। फल मांसल, बेलनाकार, कच्ची अवस्था में 10 श्वेत धारियों से युक्त, चिकने, चमकीले हरे तथा पकने पर गहरे लाल रंग के हो जाते हैं।
- **प्राप्ति स्थानः** यह बाड़ों व सड़कों के किनारे झाड़ियों पर चढी हुई पाई जाती है।
- **फूल तथा फलः** प्रायः जुलाई से दिसम्बर तक लगते हैं।
- **औषधीय उपयोगः** विम्बी फलं स्वादु शीतं गुरू पित्तास्रवाजित।
  स्तभनं लेखनं रूच्यं बिबन्धाध्मानकारकम्।

(भावप्रकाश)

(कंदूरी का फल - स्वादिष्ट, शीतल, गुरू, स्तम्भन, लेखन, रूचिकारक तथा विबन्ध और आध्मान (अफरा) को ठीक करने वाला एवं पित्त, रक्त विकार तथा वात को दूर करने वाला होता है।)

- घाव तथा त्वचा के रोगों में पत्तों का स्वरस लगाते हैं।
- जीभ के छाले होने पर फल को चबाते हैं।
- जड़ का रस मधुमेह में दिया जाता है।
- जड़ को पत्तों के रस के साथ पीसकर लेप को शरीर पर लगाते हैं जिससे पसीना और बुखार उतर जाता है।
- जीभ में छाले पड़ने पर कच्चे फल को चबाने से लाभ होता है।
- पत्तों को घी लगाकर फोड़े पर लगाते हैं।
- पौधे के रस में सरसों का तेल तथा पानी मिलाकर कान में डालने से कान का दर्द ठीक हो जाता है।
- पत्तों की सब्जी बनाकर खाने से मधुमेह में लाभ होता है।
- जड़ तथा पत्तों का ताजा रस मधुमेह के उपचार हेतु दिया जाता है।

- पत्तों को तिल के तैल में तलकर दाद तथा अन्य त्वचा रोगों में लगाते हैं।
- पत्तों तथा तने का काढ़ा श्वास रोग में दिया जाता है।
- शरीर में दर्द होने पर 25 ग्राम जड़ पीसकर दिन में दो बार रोजाना तीन दिन तक पीने से आराम मिलता है।
- गठिया बात में 25 ग्राम जड़ का रस दिन में दो बार एक महीने तक लेने से लाभ होता है। इसे जोड़ों पर ऊपर से भी दिन में दो - तीन बार लगाते रहना चाहिये।

कंदूरी [*Coccinia grandis* (L.) Voigt]

20. ककोरा

- **वानस्पतिक नामः** मोमोर्डिका डिओइका (*Momordica dioica* Roxb. ex Willd.)
- **कुलः** कुकुरबिटेसिए (Cucurbitaceae)
- **अन्यनामः** संस्कृत- कर्कोटकी, पीत पुष्पा, महाजाली
  हिन्दी - ककोरा, ककोड़ा, पड़ोरा, खेकसा, खेखसा
- **वितरणः** भारत वर्ष के प्रायः सभी प्रान्तों में पाया जाता है।
- **वर्णनः** इसकी लता आरोही, चिकनी एवं प्रायः दुर्गन्ध युक्त होती है। तना कोंणीय तथा तंतु अशाखित होते हैं। पत्ते हृदयाकार, लट्वाकार, अखण्ड या प्रायः तीन खण्ड वाले, किनारे लहरदार या दंतुर होते हैं। फूल पीले रंग के होते हैं। इसमें नर तथा मादा फूलों की लताएं अलग-अलग होती हैं। नर फूलों की लता में फल नहीं लगते, केवल मादा लता में फल लगते हैं। फल अण्डाकर एवं मुलायम काँटेदार होता है।
- **प्राप्ति स्थानः** वनों, बेहड़ों तथा गाँवों में बाड़ों एवं झाड़ियों पर पाया जाता है।
- **फूल तथा फलः** जुलाई से सितंबर तक आते हैं।
- **औषधीय उपयोगः** कर्कोटकी मलहत्कुष्ठहृल्लासारुचिनाशिनी।
  श्वासकासज्वरान्हन्ति कटुका च दीपनी।।
  (भावप्रकाश)

(ककोरा- विपाक में कटुरसयुक्त, अग्निदीपक, मलनाशक एवं कुष्ठ, जी मिचलाना, अरुचि, श्वास, खँसी तथा ज्वर का नाशक है।)

- इसका कंद रक्त संग्राहक होता है। इसे खूनी बवासीर में 1-5 ग्राम देते हैं।
- मधुमेह में कंद का चूर्ण बंग भस्म के साथ देने से लाभ होता है।
- कंद को पीसकर लेप को बुखार में शरीर पर लगाते हैं।
- फल का रस जोड़ों के दर्द में देते हैं।
- जड़ को पीसकर रस को पानी के साथ गर्भवती महिला को दिन में दो बार 3 दिन तक देने से गर्भपात को जाता है।
- जड़ का लेप फोड़ा पर लगाने से फोड़ा जल्दी ठीक होता है।
- फल का रस रक्त शोधक होता है, इससे भूख बढ़ती है तथा कब्ज ठीक होता है।
- जड़ का लेप सर्प काटने के स्थान पर लगाते हैं।
- जड़ को सुखाकर चूर्ण को गाय के दूध में पकाकर इस खीर को खाने से शक्ति मिलती है।
- फल की सब्जी बनाकर खाते हैं बहुत स्वादिष्ट होती है।

ककोरा (*Momordica dioica* Roxb. ex Willd.)

21. कटसरैया

- **वानस्पतिक नाम:** बार्लेरिआ प्रिओनिटिस (*Barleria prionites* L.)
- **कुल:** अकांथेसिए (Acanthaceae)
- **अन्यनाम:** संस्कृत- कुरण्टक, सहचर, सैरेय
  हिन्दी - कटसरैया, पियाबांस, बज्रदंती
- **वितरण:** भारत वर्ष के प्राय: सभी उष्ण प्रान्तों में पाया जाता है।
- **वर्णन:** इसका पौधा 2-5 फीट ऊँचा, सीधा, बहुशाखित व काँटेदार, होता है। काँटे सफेद, अनावरित व कक्षीय होते हैं। पत्ते विपरीत, वृंतयुक्त, दीर्घवृत्ताकार या दीर्घवृत्तीय-भालाकार होते हैं जिनका अग्र भाग नुकीला काँटेदार होता है। फूल वृंतरहित, पीले रंग के होते हैं जो कक्षीय या शीर्षस्थ मंजरियों में लगते हैं। सहपत्र तथा वहिर्दल का अग्रभाग कंटकित होता है। फल अण्डाकार होता है।
- **प्राप्ति स्थान:** वनों, बेहड़ों, सड़कों के किनारे तथा गाँवों के आस-पास की परती भूमि में पाया जाता है।
- **फूल तथा फल:** अगस्त से दिसंबर तक आते हैं।
- **औषधीय उपयोग:** सैरेय: कुष्ठवातास्नकफकण्डू विषापह:।
  तिक्तोष्णो मधुरोअनम्ल: सुस्निग्ध: केशरञ्जन:।।

(भावप्रकाश)

(कटसरैया- तिक्त, मधुर तथा किंचित अम्ल रसयुक्त, उष्ण, अति स्निग्ध, केशों को रंगने वाली होती है, तथा कुष्ठ, वातरक्त, कफ, खुजली एवं विष का नाश करती है।)

- बच्चों की कफयुक्त खाँसी में इसके पत्तों का स्वरस शहद या शक्कर के साथ मिलाकर देने से आराम होता है।
- सूखी खाँसी में छाल का चूर्ण चटाते हैं।
- जलशोथ में ताजी जड़ की छाल या पंचांग की राख शक्कर के साथ देने से लाभ होता है।
- चूहे के विष में जड़ को शहद या चावल के धोवन के साथ देते हैं।
- दाँत हिलते हों तो पत्ते के काढ़े से कुल्ला करने से लाभ होता है।
- दाँत दर्द में नमक के साथ पत्तों का लेप मसूड़ों पर पगाते हैं।
- सूजन आदि में जड़ का लेप लगाते हैं।
- वर्षात में पैर न फटें इसलिए तलवे पर पत्तों का लेप लगाते हैं।
- कुष्ठ आदि चर्मरोगों में पत्तों का लेप लगाया जाता है।

कटसरैया (*Barleria prionites* L.)

22. करंज

- **वानस्पतिक नाम:** पोंगामिआ पिन्नाटा [*Pongamia pinnata* (L.) Pierre]
- **कुल:** फाबेसिए (Fabaceae)
- **अन्यनाम:** संस्कृत - करंज, गुच्छपुष्पक, घृतपूर, स्निग्धपत्र
  हिन्दी - करंज, करंजवा, किरमाल, डिठौरी
  अंग्रेजी - Indian Beech (इण्डियन बीच)
- **वितरण:** प्राय: सभी प्रान्तों में पाया जाता है।
- **वर्णन:** यह मध्यम आकार का सदाहरित वृक्ष होता है जिसकी छाल हलके भूरे-हरे रंग की होती है। पत्ते 8-14 इंच लम्बे, विषम पत्रक होते हैं जिनमें 5-7, हरे रंग के, चमकीले, चिकने, आयताकार या लट्वाकार, नुकीले, 2-5 इंच लम्बे पत्रक लगे रहते हैं। फूल गुलाबी और आसमानी छाया लिये हुये, सफेद रंग के गुच्छे में आते हैं। फल चिकना, चपटा, कठोर, एक बीजयुक्त तथा पीछे की ओर कुछ मुड़ा होता है। अग्रभाग भी चंचुवत नुकीला और मुड़ा होता है। बीज वृक्काकार, सिकुड़नयुक्त तैल से भरे होते हैं।
- **प्राप्ति स्थान:** यह सड़कों तथा नदी किनारे पाया जाता है।
- **फूल तथा फल:** अप्रैल मई में फूल तथा दिसम्बर-जनवरी में फल आते हैं।
- **औषधीय उपयोग:** करंजः कटुकस्तीक्ष्णो वीर्योष्णो योनिदोषहृत्।
  कुष्ठोदार्क्तगुल्मार्शो व्रणकृमि कापहः।।

(भावप्रकाश)

(करंज - कटुरसयुक्त, तीक्ष्ण, उष्णवीर्य, योनिदोष को दूर करने वाला तथा कुष्ठ, उदावर्त्त, गुल्म, बवासीर, व्रण, कृमि तथा कफ का नाशक होता है।)

- इसके बीजों का तैल खुजली तथा सभी प्रकार के त्वचा रोगों के लिये बहुत उपयोगी है। त्वचा के रोगों में इसके साथ समान मात्रा में नीबू का रस मिलाकर लगाते हैं।
- इसके बीजों का चूर्ण ज्वरहर तथा टोनिक माना जाता है।
- कुकरखाँसी तथा अन्य प्रकार की खाँसी में इसके बीजों को घिसकर देने से लाभ होता है।
- मधुमेह में इसके फूलों का फांट पिलाते हैं।
- खालित्य में फूल पीसकर सिर पर बाँधते हैं।
- फोड़े की सूजन पर इसके पत्तों को मेढ़की के पत्तों के साथ बाँधने से सूजन कम हो जाती है।
- खूनी बवासीर में इसकी जड़ को गोमूत्र में पीसकर पिलाते हैं तथा पथ्य में मट्ठा देते हैं।
- वातिक पीड़ा, आमवात तथा संधिवात में इसके पत्तों के काढ़े से सेकते हैं तथा इसके बीजों के तैल से मालिश करते हैं। पत्तों के काढ़े से आमवात में स्नान करते हैं।

- जड़ के रस से फोड़ा को साफ करते हैं।
- जड़ के रस में बराबर मात्रा में नारियल का दूध तथा चूने का पानी मिलाकर सूजाक के उपचार में रोजाना सुबह देते हैं।
- ताजी छाल को बवासीर में खिलाया जाता है।

करंज [*Pongamia pinnata* (L) Pierre]

23. कलिहारी

- **वानस्पतिक नामः** ग्लोरिओसा सुपेर्बा (*Gloriosa superba* L.)
- **कुलः** कोल्चिकेसिए (Colchicaceae)
- **अन्यनामः** संस्कृत – कलिहारी, लांगली, अग्निशिखा, गर्भनुत
  हिन्दी – कलिहारी, लांगुली, करिहारी, करियारी
  अंग्रेजी – Glory Lily (गलोरी लिली)
- **वितरणः** भारत वर्ष के प्रायः सभी प्रान्तों के वनों में 6000 फीट की ऊँचाई तक पाई जाती है।
- **वर्णनः** यह एक सुन्दर, बहुवर्षीय, वृक्षारोही लता होती है। इसका तना पतला, गोल, मृदु एवं हरे रंग का होता है। भूमिगत तना हलाकार टेढ़ा, बेलनाकार परन्तु जगह-जगह पर संकुचित रहता है। पत्ते प्रायः वृंत रहित, लट्वाकार-भालाकार, 6-9 इंच लम्बे तथा अग्रभाग पर धागेनुमा होते हैं जिनके सहारे यह वृक्षों पर चढ़ती है। फूल बडे आकर्षक, एकल या गुच्छों में होते हैं जो प्रारंभ में हरे, फिर पीले और अन्त में लाल हो जाते हैं। फल 2 इंच लम्बे होते हैं जिनमें अनेक गोलाकार बीज होते हैं।
- **प्राप्ति स्थानः** वनों में यह वर्षात में मिलती है परन्तु इसके प्रकंदो का अनियंत्रित दोहन होने से वनों से विलुप्त होती जा रही है।
- **फूल तथा फलः** जून से अक्टूबर तक लगते हैं।
- **औषधीय उपयोगः** कलिहारी सरा कुष्ठ शोफार्शो व्रणशुल जित।
  सक्षारा श्लेष्मजितिक्ता कटुका तुवरापिच॥
  तीक्ष्णोष्णा कृमिहल्लधवी पित्तला गर्भपातिनी।
  (भाव प्रकाश)

(कलिहारी-दस्तावर, कुष्ठ, शोथ, बवासीर, व्रण तथा शूल को नष्ट करने वाली, क्षार गुण युक्त, क्त नाशक तथा तिक्त, कटु और कषाय रस युक्त, तीक्ष्ण, उष्णवीर्य, कृमि को दूर करने वाली, लघु पित्त जनक तथा गर्भ को गिराने वाली होती है।)

- इसके कंद को कूटकर जल में बहुत देर तक धोते हैं जिससे नीचे पिष्टवत पदार्थ जमता है उसका प्रयोग सूजाक में करते हैं।
- इसके कंद को पीसकर शुष्क त्वचा रोगों में एव बिच्छू आदि के काटने पर लगाते हैं जिससे पीड़ा कम होती है।
- सूजन, घाव, बवासीर, गंडमाला, चर्मरोग तथा बिच्छू सर्प आदि के दंश पर कंद का लेप करते है।
- शरीर के अन्दर कोई काँटा घुसा हो तो त्वचा पर लेप करने से वह ऊपर आ जाता है।

- सुख प्रसव के लिए इसके कंद का लेप हाथ, पैर के तलवों पर तथा नाभि, वस्तिप्रदेश और वंक्षण पर किया जाता है। गर्भ निष्काशनार्थ इसका कंद योनि में रखते हैं।
- पत्तों का रस बालों में जूँए मारने के लिए लगाते हैं।
- एक सेमी लम्बे कंद का लेप तीन काली मिरच तथा दूध के साथ महिला को देने से 4 माह तक का गर्भ गिर जाता है। कंद का लेप पेट के निचले भाग तथा योनि में लगाने से प्रसव बिना पीड़ा के शीघ्र हो जाता है।
- जड़ को काटकर कूचकर तिल के तैल में उबालते हैं। इस तैल को छानकर जोड़ों के दर्द में मालिश करने से आराम मिलता है।
- जड़ का उपयोग गर्भपातक के रूप में किया जाता हैं इसलिए इसे गर्भघंटिनी कहते है।
- जड़ का लेप त्वचारोगों में किया जाता है।
- प्रसव के बाद जरायु को निकालने के लिए जड़ का लेप हथेली तथा तलवों पर लगाया जाता है। इसको काला जीरा, पिप्पली तथा शराब के साथ पिलाया भी जाता है।

कलिहारी (*Gloriosa superba* L.)

24. कसोंदी

- **वानस्पतिक नामः** सेन्ना ओक्सिडेंटालिस [*Senna occidentalis* (L.) Link] (syn. *Cassia occidentalis* L.)
- **कुलः** फाबेसिए (Fabaceae)
- **अन्यनामः** संस्कृत- कासमर्द, कासारि
  हिन्दी- कसोंदी
  अंग्रेजी- Negro Coffee (नीग्रो कॉफी)
- **वितरणः** भारतवर्ष के सभी प्रान्तों में पाया जाता है।
- **वर्णनः** यह 3-5 फीट ऊँचा पौधा होता है जिसका तना कुछ नालीदार होता है। पत्ते संयुक्त 6-12 इंच लम्बे तथा वृंत के आधार पर एक बड़ी फूली ग्रंथि होती है। पत्रक लट्वाकार-आयताकार या लट्वाकार-भालाकार, डेढ़ से चार इंच लम्बे, प्रायः लम्बाग्र होते हैं। फूल पीले रंग के होते हैं। फली 4-5 इंच लम्बी तथा चपटी होती है।
- **प्राप्ति स्थानः** वर्षात में यह गंदे स्थानों, सड़कों के किनारे तथा खाली पड़ी जमीन पर उगता है।
- **फूल तथा फलः** सितम्बर से नवम्बर तक आते हैं।
- **औषधीय उपयोगः**

कासमर्द दलं रूच्यं वृष्यं कासविषास्त्रनुत।
मधुरं कफवातघ्नं पाचनं कण्ठशोधनम्।।
विशेषतः कासहरं पित्तघ्नं ग्राहकं लघु ।

(भावप्रकाश)

(कसौंदी के पत्ते-मधुर रस युक्त, रूचिकारक, वीर्य वर्धक, पाचक, कंठ को शुद्ध करने वाले, लघु, ग्राही एवं खाँसी, विष, रक्त विकार, कफ तथा वात को नाश करने वाले होते हैं और विशेषतः ये कास नाशक तथा पित्त को दूर करने वाले होते हैं।)

- कफ, ज्वर, कुकास, श्वास आदि में 10-15 ग्राम पत्तों का रस शहद के साथ देते हैं जिससे वमन तथा विरेचन भी होता है।
- पंचाग के काढ़े से वायु का अनुलोमन होता है तथा शौच सफ़ होता है।
- पत्तों का लेप घाव, विसर्प आदि दाहयुक्त चर्म रोगों में लगाया जाता है।
- त्वचा के रोगों में मूल तथा पत्तों का काढ़ा एवं लेप उपयोगी है ।
- उदर तथा जल शोथ में जड़ का स्वरस पिलाया जाता है।
- पौधे का काढ़ा बदहोशी (Hysteria), पेचिश तथा पेट संबंधी गड़बडी में लाभदायक है।
- तने के फांट को मधुमेह में देते हैं।

- पत्तों को पीसकर लेप को खाज, खुजली तथा दाद में लगाया जाता है।
- ताजे पत्तों को नमक तथा प्याज के साथ पीसकर घाव पर कीड़े मारने के लिये लगाते हैं।
- जड़ को काली मिर्च के साथ पीसकर सिरदर्द में देते हैं।
- पौधे का पंचाग रेचक, टोनिक तथा ज्वर रोधी होता है। ताजी जड़ का रस दाद तथा घाव में लाभदायक होता है। इसमें मूत्रल गुण भी होता है।
- फली को पीसकर बिच्छू काटने के स्थान पर लगाते हैं।

कसोंदी [*Senna occidentalis* (L.) Link]

25. कालमेघ

- **वानस्पतिक नाम:** आंड्रोग्राफिस पानिकुलाटा [*Andrographis paniculata* (Burm.f.) Nees]
- **कुल:** अकांथेसिए (Acanthaceae)
- **अन्यनाम:** संस्कृत–भूनिम्ब, किराता
  हिन्दी–कालमेघ, किरायत
  अंग्रेजी–ब्तमंज (क्रीट)
- **वितरण:** समस्त भारतवर्ष में पाया जाता है।
- **वर्णन:** यह 1–3 फीट ऊँचा, एकवर्षीय पौधा है जिसका तना चतुष्कोणीय, नीचे चिकना तथा ऊपर रोंयेदार होता है। पत्ते अभिमुख, रेखाकार–भालाकार या भालाकार, चिकने, डेढ़ से ढ़ाई इंच लम्बे होते हैं। फूल छोटे, सवृंत, सफेद, हल्के बैंगनी या बैंगनी धब्बों से युक्त, 2–5 इंच लम्बी बिभक्त मंजरी में लगते हैं। फल रेखाकार–दीर्धायत, पूर्व में रोंयेदार तथा बाद में चिकने होते हैं। बीज प्राय: चतुष्कोण, पीले या भूरे रंग के होते हैं।
- **प्राप्ति स्थान:** वनों से अत्यधिक दोहन के कारण नष्ट हो रहा है।
- **फूल तथा फल:** अक्टूबर से दिसम्बर तक लगते हैं।
- **औषधीय उपयोग:**

सुतिक्त: लघुरूक्षोष्ण: कफपित्त विनाशन: ।।
दीपन: स्वेदनोंझेय: कृमिघ्न: पित्तसारक:।
यकृदरोगे क्रिमी कुष्ठे ज्वरे चासौ प्रशस्यते ।।

(द्रव्यगुण विज्ञान)

(कलामेघ–तिक्तरस व लघुरूक्ष गुणयुक्त एवं कफपित्त शामक होता है। यह दीपन, स्वेदकारी, कृमिनाशक, पित्तसारक तथा यकृत, कृमि, कुष्ठ व ज्वर रोग नाशक होता है)

इसका 1–3 ग्राम चूर्ण, काली मिर्च चूर्ण के साथ मलेरिया में देते हैं। जीर्णज्वर में भी इसका प्रयोग करते हैं। इससे यकृत ठीक होता है, ज्वर शांत होता है और बल की वृद्धि होती है।

मलेरिया के उपचार हेतु इस पौधे के स्वरस में जीरा तथा बड़ी इलाइची का चूर्ण मिलाकर दिया जाता है। पौधे के चूर्ण को भी पानी के साथ मलेरिया में दिया जाता है।

पत्तों का काढ़ा अपच में दिया जाता है।

पत्तों का रस तथा शहद एक–एक के अनुपात में बच्चों को बुखार तथा खाँसी में देते हैं।

कालीमिरच तथा नमक के साथ पत्तों का काढ़ा बुखार में लाभदायक है।

कालमेघ का पौधा, नीम तथा कूड़ा की छाल बराबर मात्रा में मिलाकर पीसते हैं तथा इसमें 6 गुणा पानी मिलाते हैं। इस पानी में लाल गर्म ईट डुबोते हैं। इस पानी को छानकर 5 मिली दिन में तीन-चार बार, 3 दिन तक पीलिया में देते हैं।

3 ग्राम जड़ का चूर्ण पानी के साथ बच्चों को पेट के कीड़े मारने के लिये देते हैं।

पौधे के चूर्ण को बकरी के दूध के साथ मिलाकर 40 दिन तक तपेदिक में पिलाते हैं।

पत्ती का रस पीलिया में दिया जाता है।

पौधे का लेप सिर में लगाने से जुँए मर जाते हैं।

कालमेघ [*Andrographis paniculata* (Burm.*f.*) Nees]

26. काला धतूरा

- **वानस्पतिक नाम:** डाटूरा मेटेल (Datura metel L.)
- **कुल:** सोलानेसिए (Solanacae)
- **अन्यनाम:** संस्कृत - धतूर, उन्मत्त, कनक, मातुल, शिवप्रिय
  हिन्दी - काला धतूरा, धतूरा
  अंग्रेजी - Thorn Apple (थॉर्न एपल)
- **वितरण:** भारतवर्ष के प्राय: सभी भागों में पाया जाता है।
- **वर्णन:** यह बहुवर्षीय, 2-5 फीट ऊँचा, चिकना, एवं झाड़ीदार पौधा है। पत्ते अण्डाकार-भालाकार कुछ लहरदार, नुकीले, पर्णवृत की तरु असम, कुछ तन्तुर या खण्डित, 3-6 इंच लम्बे होते हैं। फूल 5-7 इंच लम्बे, सीधे, सफेद या बाहर से बैंगनी और भीतर सफेद होते हैं। फल गोलाकार, लटकते हुये, छोटे काँटो से युक्त तथा पकने पर अनियमित रूप से फटते हैं। बीज कर्णाकृति, चपटे, पीले या हल्के भूरे रंग के होते हैं।
- **प्राप्ति स्थान:** यह कचरे के ढेरों, गंदी जगहों तथा परती जमीन पर मिलता है।
- **फूल तथा फल:** फूल वर्षा ऋतु में तथा फल जाड़ों में आते हैं।
- **औषधीय उपयोग:**

धत्तूरो मदवर्णाग्नि वात कृज्ज्वर कुष्ठनुत ।।
कषायो मधुरस्तिक्तो यूकालिक्षा विनाशक:।
उष्णो गुरूर्व्रण श्लेष्मकण्डू कृमि विषापह: ।।

(भावप्रकाश)

(कालाधतूरा - मद, वर्ण तथा वातकारक एवं जठराग्नि वर्धक, ज्वरकुष्ठ नाशक, कषाय, मधुर तथा तिक्त रसयुक्त, जुयें और लीखों को दूर करने वाला, उष्णवीर्य, गुरू तथा व्रण, कफ, खुजली, कृमि एवं विष का नाशक होता हैं।)

- दमा में पत्तों के चूर्ण का धुँआ या इसकी बनी सिगरेट का धूम्रपान बहुत लाभदायक होता है।
- पारी से आने वाले शीतज्वर में इसके बीज दही के साथ ज्वर आने से पूर्व खिलाते हैं।
- सूजन पर इसके पत्तों का लेप करने से दर्द तथा सूजन कम होती है। अण्डशोथ, आमवात सन्धिशोथ, फुफ्फुसावरण शोथ, नाड़ी शूल तथा गृधृसी आदि में इसके पत्तों के काढ़े से सेक कर पत्तों को बाँधते हैं। इसके पत्तों का स्वरस भी उपयोगी है।
- अनेक चर्मरोगों में तथा वात विकारों में इससे सिद्ध तैल का उपयोग किया जाता है।
- शोथयुक्त, बवासीर में इसका मलहम लगाते हैं।

- जूँए तथा लीख को मारने के लिये इसके पत्तों का रस बालों में लगाते हैं।
- बीजों का उपयोग पागल कुत्ते के काटने, कान से सर बहने, फीलपांव तथा अपच में किया जाता है।
- धतुरा की जड़ को दूध में उबालकर दूध को घी मिलाकर पागलपन में खिलाया जाता है।
- फूलों का उपयोग दमा में तथा फलों का कानदर्द में किया जाता है।

काला धतूरा (*Datura metel* L.)

27. काली मूसली

- **वानस्पतिक नामः** कुर्कुलिगो ओर्किओइडेस (*Curculigo orchioides* Gaertn.)
- **कुलः** हीपोक्सिडेसिए (Hypoxidaceae)
- **अन्य नामः** संस्कृत – तालमूली, मुशली
  हिन्दी – काली मूसली, स्याह मूसली
- **वितरणः** भारतवर्ष के लगभग सभी प्रान्तों के वनों में पाई जाती है।
- **वर्णनः** यह बहुवर्षीय पौधा है जिसकी जड़ मोटी, सीधी तथा काले रंग की होती है, जिनसे सूत्राकार, मांसल तंतु निकलते हैं। पत्ते बिना डण्ठल के खजूर के पत्तों से कुछ पतले, सकरे और भालाकार होते हैं जो भूमि के ऊपर निकले रहते हैं। पुष्प दण्ड छोटा, बीच से निकला हुआ मुग्दराकार व चपटा होता है। फूल नलिकाकार पीले रंग के दो कतारों में होते हैं। फल आधे इंच लम्बे, अण्डाकार व बीज काले व चमकीले होते हैं।
- **प्राप्ति स्थानः** वनों में यह वर्षा ऋतु में अत्यधिक मात्रा में वृक्षों की छाया में उगती है।
- **फूल तथा फलः** जून से सितम्बर तक लगते हैं।
- **औषधीय उपयोगः** मुशली मधुरा वृष्या वीर्योष्णा बृंहणी गुरूः।
  तिक्ता रसायनी हन्ति गुद जान्यानिलं तथा ।
  (भावप्रकाश)

(काली मूसली – मधुर तथा तिक्त रसयुक्त, व्रष्य (वीर्यवर्धक), उष्णवीर्य, बृंहण (रक्तादिधातुवर्धक), गुरूपाकी, रसायन एवं अर्श (बवासीर) तथा बात का नाशक होती है।)

- जड़ का चूर्ण सुगंधित पदार्थो के साथ श्वेतप्रदर तथा अनियमित रक्तस्राव रोकने हेतु दिया जाता है।
- दस्त होने पर जड़ का चूर्ण तथा शक्कर दूध में मिलाकर देने से लाभ होता है।
- इसकी जड़ किवाँच बीज, बिदारी कंद की जड़ तथा शतावर की जड़ के साथ मिलाकर टॉनिक के रूप में दी जाती है।
- जड़ के चूर्ण को कटे हुये भाग पर लगाने से रक्तस्राव बंद हो जाता है तथा घाव जल्दी भर जाता है।
- खूनी पेचिश में जड़ को पानी के साथ पीसकर दिन में दो बार सात दिन तक दे ने से लाभ होता है।
- काली मूसली के टुकड़े पान में रखकर खाने और रस चूसने से दमा के रोगी को आराम मिलता है।
- जड़ का लेप घी में मिलाकर शक्ति लाने हेतु टोनिक के रूप में दिया जाता है।

- चर्म विकारों एवं खुजली में इसका कंद पीसकर लगाते हैं।
- गर्भनाशन हेतु इसके कंद का उपयोग किया जाता है।

काली मूसली (*Curculigo orchioides* Gaertn.)

28. किवाँच

- **वानस्पतिक नाम:** मुकुना प्रुरिएंस [Mucuna pruriens (L.) DC.]
- **कुल:** फाबेसिए (Fabaceae)
- **अन्यनाम:** संस्कृत - कपिकच्छू, आत्मगुप्ता, कण्डूरा
  हिन्दी - केवाँच, कौंच, किवाँच
  अंग्रेजी - Cowhage (काउहेज), Cowitch (काउइच)
- **वितरण:** समस्त भारतवर्ष के उष्ण प्रदेशों में पायी जाती है।
- **वर्णन:** यह एकवर्षीय, पतली, रोंयेदार, सेम के समान लता होती है। पत्ते त्रिपत्रक एवं पर्णवृंत युक्त होते हैं। पत्रक 3-6 इंच लम्बे, पार्श्व पत्रक अर्धहृदयाकार, लट्वाकार तथा बीच का पत्रक पतंगाकार होता है। ये ऊपर चिकने तथा नीचे रोंयेदार होते हैं। फूल नीले या बैंगनी रंग के, सघन, आधे से एक फीट लम्बी, लटकी हुई मंजरियों में लगते हैं। फली कुछ फूली हुई, दोनों अग्रभागों पर विपरीत दिशा में टेढ़ी तथा लम्बाई में धारियों से युक्त होती है। यह भूरे रंग के सघन रोंमों से ढकी रहती है। ये रोम शरीर में लगने पर अत्यंत खुजली उत्पन्न करते हैं।
- **प्राप्ति स्थान:** वनों में यह पर्याप्त मिलती है परंतु दोहन के कारण खत्म होती जा रही है।
- **फूल तथा फल:** सितम्बर से फरवरी तक आते हैं।
- **औषधीय उपयोग:** कपिकच्छूर्भशं वृष्या मधुरा बृंहणी गुरू:।
  तिक्ता वातहरी बल्या कफपित्तास्रनाशिनी।।
  तद्बीजं वातशमनं स्मृतं वाजीकरं परम्।।

  (भावप्रकाश)

(किवाँच - अत्यंत वृष्य, मधुर तथा तिक्त रसयुक्त, बृंहण, गुरू, वातनाशक, बलकारक तथा कफ पित्त एवं रक्तदोष नाशक है। किवाँच के बीज-वातशामक एवं अत्यंत बाजीरकारक हैं।)

- इसके फल के रोमों को घी, शहद या गुड़ के साथ गोला बनाकर पेठ में कीड़े पड़ने पर खिला देते हैं जिससे कीड़े बाहर निकल जाते हैं।
- इसके बीजों की मज्जा का चूर्ण या पाक आदि बनाकर बाजीकरण के लिए प्रयोग किया जाता है।
- इसकी जड़ का काढ़ा या रस वातरोगों में दिया जाता है। यह मूत्र जनन होने के कारण इसे वृक्करोग में पिलाते हैं तथा शरीर पर भी लेप करते हैं।
- हैजा में इसके फाँट में शहद मिलाकर पिलाने से लाभ होता है।
- बीजों का उपयोग बाजीकरण हेतु किया जाता है, इनको विदारीकंद (*Pueraria tuberosa*)

सालमपंजा (*Dactylorhiza hatagirea*) तथा सतावर (*Asparagus racemosus*) के साथ दिया जाता है।

- हाल ही में बीजों से आधुनिक दवा 'एल-डोपा' बनाई गई है जो पारकिंसोनियन बीमारी में कारगर साबित हुई है।
- जड़ का उपयोग तंत्रिका तंत्र की बीमारियों, वृक्क विकार तथा जलोदर में होता है।
- जड़ से बना मल्हम फीलपांव रोग में लगाया जाता है। पत्तों का लेप फोडों पर लगाया जाता है।

किवाँच [*Mucuna pruriens* (L.) DC.]

29. कुड़ा

- **वानस्पतिक नामः** होलार्रहेना पुबेसेंस ख्भ्वसंततीमदं चनइमेबमदे ँसस़ण मग ळण क्वद,
- **कुलः** अपोसीनेसिए (।चवबलदंबमंम)
- **अन्यनामः** संस्कृत – कुटज, गिरिमल्लिका, कालिंग
  हिन्दी – कुड़ा, कोरया, कुरैया, कुड़ेया
  अंग्रेजी – (Kurchi (कुर्ची)
- **वितरणः** भारतवर्ष के समस्त प्रान्तों में 4000 फीट की ऊँचाई तक पाया जाता है।
- **वर्णनः** यह झाड़ी या छोटा वृक्ष होता है। इसकी छाल खुरदरी तथा भूरे रंग की होती है। पत्ते विपरीत, 5–10 इंच लम्बे, नुकीले, लट्वाकार, अण्डाकार या कुछ आयताकार, चिकने या रोंयेदार तथा निचली सतह पर 10–16 जोड़ी धनुषाकार शिरायें होती हैं। फूल सफेद व सुगंधित होते हैं। फली दो-दो एक साथ, लम्बी, पतली, वृंत की ओर मिली हुई तथा दूसरे शिरे पर अलग होती हैं। बीज जौ के समान, आधे इंच तक लम्बे व अन्त में शिरे पर मदार की तरह सफेद रंग को कोमल रोमगुच्छ लगा रहता है। इसके बीजों को (इन्द्रजब) कहते हैं।
- **प्राप्ति स्थानः** वनों में यह बहुतायत में पाया जाता है।
- **फूल तथा फलः** फूल जून से अगस्त तक तथा फल सितम्बर से नवम्बर तक लगते हैं।
- **औषधीय उपयोगः**

कुटजः कटुको रूक्षो दीपन स्तुवरो हिमः।
अर्शोअतिसार पितास्त्र कफतृष्णाम कुष्ठनुत।।

(भावप्रकाश)

(कुड़ा – कटु तथा कषाय रसयुक्त, रूक्ष, अग्निदीपक और शीतवीर्य होता है एवं यह बवासीर, अतिसार, पित्त, रक्त, कफ, तृषा, आम और कुष्ठ को दूर करता है।)

- इसकी छाल का काढ़ा रक्तातिसार तथा पुराने आमातिसार में बहुत लाभदायक होता है।
- प्रसूति के पश्चात योनिमार्ग की शिथिलता दूर करने के लिए छाल का काढ़ा दिया जाता है।
- छाल का लेप आमवात व सन्धिशोथ में लाभदायक है।
- दाँत दर्द में इसकी छाल के काढ़े से कुल्ला करने से लाभ होता है।
- बच्चों के रक्तातिसार में बीज 'इन्द्रजब' एवं नागरमोथा के काढ़े में शहद मिलाकर देते हैं।
- खूनी बवासीर में सोंठ के साथ बीज के काढ़े को देने से लाभ होता है। इसको दूध के साथ काढ़ा बनाकर देने से इसमें बहुत लाभ होता है।

- छाल का एक चम्मच चूर्ण, दिन में एक बार सात दिन तक देने से शरीर की सूजन ठीक हो जाती है।
- तने की छाल का काढ़ा दो चम्मच दिन में तीन बार देने से मलेरिया बुखार में आराम मिलता है।
- छाल को सरसों के तैल में उबालकर जोड़ों के दर्द में मालिश करने से दर्द कम होता है।

कुड़ा [*Holarrhena pubescens* ¡ll. ex G. Don]

30. केऊ कंद

- **वानस्पतिक नाम:** हेल्लेनिआ स्पेसिओसा [*Hellenia speciosa* (J. Koenig) S.R. Dutta] [syn. *Cheilocostus speciosus* (J. Koenig) C.D. Specht, *Costus speciosus* (J. Koenig) Sm.]
- **कुल:** कोस्टेसिए (Costaceae)
- **अन्यनाम:** संस्कृत – केमुक, केबुक
  हिन्दी – केऊकंद, केऊ, केबू, केमुआ
- **वितरण:** समस्त भारत वर्ष के आर्द्र तथा छायादार स्थानों में वर्षा ऋतु में होता है।
- **वर्णन:** यह सीधा, मांसल, एकवर्षीय पौधा है, जिसका पत्ते युक्त तना ऊपर की ओर ऐंठा हुआ होता है। मूल स्तम्भ कंदवत होता है। पत्ते भालाकार, 6-12 इंच लम्बे एवं निचली सतह पर रोंयेदार होते हैं। फूल बड़े, सफेद, तने के अग्रभाग पर 5-13 सेमी लम्बी, सघन स्पाइकों में लगते हैं। सहपत्र भड़कीले लाल रंग के होते हैं। फल गोलाकार या अण्डाकार, लाल रंग का संपुट होता है।
- **प्राप्ति स्थान:** वनों में नम व छायादार स्थानों में पाया जाता है।
- **फूल तथा फल:** अगस्त से अक्टूबर तक लगते हैं।
- **औषधीय उपयोग:**

केबुकं कटुकं पाके तिक्तं ग्राहि हिमं लघु।।
दीपनं पाचनं हृद्यं कफपित्तज्वरापहम्।
कुष्ठकासप्रमेहास्त्र नाशनं वातलं कटुं।।

(भाव प्रकाश)

(केऊ कंद-विपाक में कटु रसयुक्त, स्वाद में तिक्त तथा कटु रस युक्त, ग्राही, शीतल, लघु, अग्निदीपक, पाचक, हृदय के लिये हितकर, वातजनक एवं क्फ, पित्त, ज्वर, कुष्ठ, कास, प्रमेह तथा रक्त विकार को दूर करने वाला होता है।)

- प्रकंद का लेप सिर पर लगाने से सिरदर्द में आराम मिलता है तथा ठण्डक प्रदान करता है।
- प्रकंद का लेप एरण्ड के तैल के साथ सिर चकराने में लगाते हैं।
- इसका रस कान में डालने से कान का दर्द ठीक हो जाता है।
- प्रकंद को शक्कर के साथ खाने से पेट के कीड़े मर जाते हैं।
- प्रकंद को पीसकर गाय के दूध के साथ खाने से पेचिश ठीक हो जाती है।
- प्रकंद के चूर्ण को कुपचन में दिया जाता है।

- प्रकंद का लेप फोड़ा तथा घाव में लगाने से ठीक हो जाता है।
- प्रकंद को उबाल कर टुकड़े करके गुड़ के साथ खाने से नपुंषकता ठीक होती है। बवासीर के उपचार हेतु दूध पीना अनिवार्य है।

केऊकंद [*Hellenia speciosa* (J. Koenig) S.R. Dutta]

❖ ❖ ❖

31. कैथा

- **वानस्पतिक नामः** लिमोनिआ असिडिस्सिमा (*Limonia acidissima* L.)
- **कुलः** रुटेसिए (Rutaceae)
- **अन्यनामः** संस्कृत –कपित्थ, दधित्थ, कपिप्रिय, दध्फिल
  हिन्दी – कैथ, कैंथ, कैथा, कैंट, कटबेल
  अंग्रेजी – Elephant Apple (एलेफेन्ट एपल), Wood Apple (वुड एपल)
- **वितरणः** भारतवर्ष के शुष्क प्रान्तों में अधिक मिलता है। दक्षिण भारत में वन्य अवस्था में मिलता है।
- **वर्णनः** यह मध्यम से बड़े आकार का पर्णपाती, काँटेदार वृक्ष होता है। इसकी छाल गहरे भूरे या लगभग काले रंग की होती है। पत्ते एकान्तरित तथा विषम पिच्छकी होते हैं। पर्णवृंत तथा पिच्छाक्ष (रेकिस) चपटा तथा पंखयुक्त होता है। पत्रक 3–9 अभिमुख, अण्डाकार या आभिअण्डाकार तथा सुगंधित होते हैं। फूल छोटे, फीके लाल या हल्के हरे रंग के होते हैं। फल 2–3 इंच व्यास के गोल तथा छिलका कठोर होता है। भीतर सुगंधित स्वादिष्ट खाने योग्य गूदा होता है और गूदे में छोटे-छोटे बीज चिपके होते हैं।
- **प्राप्ति स्थानः** यह वनों तथा सड़कों के किनारे पाया जाता है।
- **फूल तथा फलः** फूल मार्च से मई तक तथा फल अक्टूबर से फरवरी तक लगते हैं।
- **औषधीय उपयोगः** कपित्थमामं संग्राहि कषायं लघु लेखनम्।
  पक्वं गुरू तृषाहिक्काशमनं वातपित्तजित्।
  स्यादम्लं तुवर कंण्डशोधनं ग्राहि दुर्जरम्।।
  (भावप्रकाश)

(कैथ का कच्चा फल-कषाय रसयुक्त, संग्राही, लघु तथा लेखन होता है। पका फल-अम्ल तथा कषाय रस युक्त, गुरू, कण्ठ को साफ करने वाला, ग्राही, देर में हजम होने वाला एवम् प्यास तथा हिक्का को शमन करने वाला और वात तथा पित्त को दूर करने वाला होता है।)

- इसका फल रक्त पित्त, दस्त तथा पेचिश में दिया जाता है।
- इसके गोंद से पेट की मरोड़ कम होती है।
- बच्चों के अजीर्ण में पत्तों का उपयोग करते हैं।
- इसका फल सुगंधित तथा बच्चों के पेट संबंधी रोगों में लाभदायक है।
- इसको कच्चे फल को बेल के साथ मिलाकर दस्त व पेचिश में देते हैं।
- इसके पके फल को हिचकी तथा श्वास नली के रोगों में देते हैं।

कैथ (*Limonia acidissima* L.)

32. खिरैंटी

- **वानस्पतिक नाम:** सिडा कोर्डिफोलिआ (*Sida cordifolia* L.)
- **कुल:** मालवेसिए (Malvaceae)
- **अन्यनाम:** संस्कृत – बला, वाट्यालिका, खरयष्टिका
  हिन्दी – खिरैंटी, बरियार, बरियारा
  अंग्रेजी – Country Mallow (कन्ट्री मैलो)
- **वितरण:** समस्त भारत वर्ष में 3500 फीट की ऊँचाई तक पाया जाता है।
- **वर्णन:** यह 2–4 फीट ऊँचा, बहुशाखित, रोंयेदार पौधा है जिसका तना काष्ठमय तथा रेशेदार होता है। पत्ते 1–3 इंच लम्बे, एकान्तर, हृदयाकार, लट्वाकार, आयताकार, रोमश तथा गोल दन्तुर, 6–9 शिराओं से युक्त होते हैं। फूल हल्के पीले या सफेद होते हैं। फल में स्त्रीकेसर 7–10 होते हैं जिनमें प्रत्येक पर दो शूक होते हैं। बीज छोटे गहरे भूरे या काले रंग के होते हैं जिन्हें 'बीज बंद' कहते हैं।
- **प्राप्ति स्थान:** यह वनों तथा खेतों की मेड़ों पर अत्यधिक पाया जाता है।
- **फूल तथा फल:** अगस्त से दिसम्बर तक आते हैं।
- **औषधीय उपयोग:**

- शुक्रमेह में इसके पंचाग का स्वरस देने से लाभ होता है।
- नेत्राभिष्यंद में इसके पत्ते पीसकर बाँधते हैं।
- उपदंश, फिरंग तथा चोट में इसकी जड़ को पीसकर बाँधने से घाव जल्दी अच्छे होते हैं।
- रसायन के लिए इसकी जड़ को दूध के साथ पीसकर पिलाते हैं तथा आहार में घृत युक्त दूध भात खिलाते हैं। इससे आयु वृद्धि होती है।
- जड़ तथा अदरक का काढ़ा बुखार में दिया जाता है।
- जड़ का चूर्ण शक्कर तथा दूध के साथ बार-बार पेशाब आना तथा श्वेत प्रदर में लाभदायक होता है।
- जड़ का स्वरस घाव पर लगाने से घाव जल्दी भरता है ।
- पौधे को थोड़े पानी के साथ पीसकर रस देने से अनैच्छिक वीर्यस्राव में लाभ मिलता है।

खिरैंटी (*Sida cordifolia* L.)

❖ ❖ ❖

33. खैर

- **वानस्पतिक नामः** सेनेगालिआ काटेचु [*Senegalia catechu* (L. f.) P.J.H. Hurter & Mabb. [syn. *Acacia catechu* (L. f.) Willd.]
- **कुलः** फाबेसिए (Fabaceae)
- **अन्यनामः** संस्कृत – खदिर, रक्तसार, गायत्री, दन्तधावन
  हिन्दी – खैर, कत्था
  अंग्रेजी – Black Catechu (ब्लैक कॅटेच्यु)
- **वितरणः** भारतवर्ष के शुष्क प्रान्तों के जंगलों में पाया जाता है।
- **वर्णनः** यह मध्यम आकार का काँटेदार वृक्ष होता है जिसकी छाल घूसराभ भूरे रंग की होती है। काँटे युग्म, टेढे, चमकीले भूरे या काले एवं ये उपपत्रों के रूपान्तर होते हैं। पत्ते 10–15 सेमी लम्बे एवं वृंत पर काँटे तथा 4–5 ग्रन्थियाँ होती हैं। उपपक्ष 20–60, 4–5 सेमी लम्बे होते हैं। पत्रक प्रत्येक उपपक्ष पर 60 से 100 की संख्या में, 6 मिमी तक लम्बे, रेखाकार तथा अवृंत होते हैं। फूल छोटे, सफेद या हल्के पीले, 5–10 सेमी लम्बी मंजरियों में आते हैं। फली चपटी, पतली धूसर तथा चमकीली होती है।
- **प्राप्ति स्थानः** वनों में यह अत्यधिक पाया जाता है।
- **फूल तथा फलः** फूल जून से जुलाई तथा फल अगस्त से जनवरी तक आते हैं।
- **औषधीय उपयोगः**

खदिरः शीतलो दन्त्यः कण्डू कासारूचिप्रणुत !!
तिक्तः कषायो मेदोघ्नः कृमिमेहाज्वर व्रणानि ।
श्वित्र शोथाम पितास्त्र पाण्डु कुष्ठ कफान हरेत् ।।

(भावप्रकाश)

(खैर –तिक्त तथा कषाय रस युक्त, शीतल, दाँतों के लिए हितकर एवं खुजली, खाँसी, अरूचि, मेद, कृमि, प्रमेह, ज्वर, व्रण, श्वेत कुष्ठ, शोथ, आम, पित्त, रक्तविकार, पाण्डु, कुष्ठ तथा कफ को दूर करने वाला है।)

- छाल का चूर्ण एक से 3 माशा कुष्ठ में खिलाते हैं तथा इसके काढ़े से स्नान आदि भी कराते हैं।
- संग्रहणी, अतिसार तथा खट्टी डकार में कत्था उपयोगी है।
- खाँसी विशेष रूप से सूखी खाँसी में कत्था मुह में चूसने से लाभ होता है। क्फ युक्त खाँसी में इससे कफ कम होता है।
- मसूड़ों से खून आता हो तो इसके काढ़े से कुल्ला कराते हैं।
- मुख में छाले पड़ गये हो तब कत्था को चूसने को देते हैं।

- ताजी छाल का रस हींग के साथ मिलाकर राजयक्ष्मा में देते हैं।
- पुष्पीय शाखा का अग्रभाग जीरा, दूध तथा शक्कर के साथ सूजाक में दिया जाता है।
- छाल का लेप त्वचा रोगों में लगाने से लाभ होता है।
- तने की छाल का काढ़ा मवेशी को देने से दस्त में लाभ होता है।

खैर [*Senegalia catechu* (L. f.) P.J.H. Hurter & Mabb.

❖ ❖ ❖

34. गिलोय

- **वानस्पतिक नाम:** टिनोस्पोरा कोर्डिफोलिआ [*Tinospora cordifolia* (Willd.) Hook. f. & Thomson]
- **कुल:** मेनिस्पेर्मेसिए (Menispermaceae)
- **अन्यनाम:** संस्कृत - गुडूची, मधुपर्णी, अमृता, सोमा, सोमवली
  हिन्दी - गिलोय, गुरूच, गुडुच, गुडुची
  अंग्रेजी - Gulancha Tinospora (गुलांचा टिनोस्पोरा)
- **वितरण:** प्राय: भारत वर्ष के सभी प्रान्तों के जंगल व झाडियों पर पाई जाती है।
- **वर्णन:** यह बहुवर्षीय, चिकनी एवं आरोही लता होती है जो वृक्षों पर विस्तार से फैलती हैं। शाखाओं से डोरे के समान वायवीय जड़ें निकलकर नीचे की ओर लटकती हैं। पत्ते पान के समान, हृदयाकार, एकान्तर, चिकने तथा 1-3 इंच लम्बे पर्णवृंत से युक्त होते हैं। फूल हरापन लिये हुये पीले रंग के या केवल पीले रंग के, गुच्छों में आते हैं। फल मटर के समान गोल होते हैं जो पकने पर लाल हो जाते हैं।
- **प्राप्ति स्थान:** वनों में यह अत्यधिक पाई जाती है परन्तु औषधि हेतु अत्यधिक दोहन होने से कम होती जा रही है।
- **फूल तथा फल:** फूल मई से जून तक तथा फल वर्षात में आते हैं।
- **औषधीय उपयोग:** गुडूची कटुका तिक्ता स्वादुपाका रसायनी ।
  संग्राहिणी कषायोष्णा लधवी बल्याग्निदीपनी ॥
  दोषत्रयामतृडदाहमेह कासांश्च पाण्डुताम्।
  कामला कुष्ठ वातास्रज्वर कृमिवमीन्हरेत् ॥

(भावप्रकाश)

(गिलोय-कटु, तिक्त तथा कषाय रस-युक्त एवं विपाक में मधुर रस युक्त, रसायन, संग्राही, उष्णवीर्य, लघु, बलकारक, अग्निदीपक तथा त्रिदोष, आम, तृषा, दाह, मेह, कास, पाण्डुरोग, कामला, कुष्ठ, वातरक्त, ज्वर कृमि और वमि को दूर करती है।)

- ताजी गिलोय या कल्क 10 तौला एवं 10 तौला अनंतमूल का चूर्ण, इनको एक लीटर उबलते जल में दो घंटे तक बंद पात्र में रखें। फिर मसल कर छान लें। यह फांट उत्तम रसायन एवं मूत्र जनन है। कुष्ठ, विसर्प आदि चर्मरोग, वात रक्त तथा जीर्ण आमवात में यह बहुत लाभदायक होता है। ज्वर के पश्चात उत्पन्न कमजोरी तथा अन्य कमजोरी युक्त व्याधियों में इसका उपयोग पौष्टिक रूप में किया जाता है।
- जीर्ण ज्वर में इसके काढ़े में या रस में छोटी पीपल एवं शहद मिलाकर पिलाते हैं। जिससे ज्वर, कफ, प्लीहावृद्धि एवं अरूचि आदि दूर होती है।
- प्रमेह में 2-4 बूँद रस, 5-8 ग्राम पाषाणभेद चूर्ण, शहद के साथ या दूध एवं शक्कर के साथ दिन में तीन बार पिलाते हैं।

- कामला में इसका रस शहद के साथ सुबह पिलाते हैं। इसमें गिलोय के पत्तों का कल्क मठ्ठा के साथ लाभदायक होता है।
- त्वचारोगों में गिलोय, गुग्गुल, नीम या हल्दी, खैर एवं आँवला के साथ पीसकर देते हैं। इससे खुजली, दाह, दाग एवं चकत्ते आदि अच्छे होते हैं।
- बवासीर में इसका रस या चूर्ण मट्ठा के साथ देते हैं।
- अनैच्छिक वीर्य स्राव में पौधे का रस शहद के साथ दिन में एक बार, एक सप्ताह तक लेने से लाभ होता है।
- पौधे के मांड में बराबर मात्रा में शक्कर मिलाकर लगभग 8 ग्राम खुराक पानी के साथ दिन में एक बार, सात दिन तक देने से पीलिया में लाभ होता है।
- पौधे का चूर्ण शहद के साथ मिलाकर खाँसी में देते हैं।
- मलेरिया में गिलोय के तने तथा नीम की छाल (बराबर मात्रा में) का काढ़ा देने से ठीक हो जाता है।
- लगभग 3–4 ग्राम तने के काढ़े को ठण्डे या गर्म पानी के साथ सुबह खाली पेट सामान्य दुर्बलता में देते हैं।
- यह बहुत अच्छा रसायन है जो शरीर की रोगप्रतिरोधक क्षमता को बढ़ाता है।

गिलोय [*Tinospora cordifolia* (Willd.) Hook. f. & Thomson]

35. गुंजा

- **वानस्पतिक नामः** अब्रुस प्रेकाटोरिउस (*Abrus precatorius* L.)
- **कुलः** फाबेसिए (Fabaceae)
- **अन्य नामः** संस्कृत - रक्त गुंजा, रक्तिका, काकबल्लरी, काक पीलु
  हिन्दी - गुंगची, घुंघची, रत्ती, गुंजा, घुमची,
  अंग्रेजी - Indian Liquorice (इंडियन लिक्वोराइस), Jequirity (जेक्विरिटी)
- **वितरणः** यह भारत के लगभग सभी प्रान्तों के जंगलो में तथा हिमालय में 3000 फीट की ऊँचाई तक पाई जाती है।
- **वर्णनः** यह बहुवर्षीय, पर्णपाती सुन्दर आरोही लता है, जिसके पत्ते इमली के जैसे युग्म पक्षाकार होते हैं। पत्रक 10-20 जोड़े, विपरीत, दोनों सिरों पर गोल व स्वाद में मीठे होते हैं। फूल सफेद या गुलाबी छाया लिये हुये या हल्के बैंगनी रंग के होते हैं, जो गुच्छों में निकली हुई मंजरियों में लगे होते हैं। फली एक से डेढ इंच लम्बी, 3-5 बीजयुक्त, गुच्छों में आती है। बीज चिकने चमकीले, अण्डाकार गहरे लाल रंग के होते है जिन पर काला दाग होता है। कभी-कभी बीज बिलकुल सफेद, बिलकुल लाल या बिलकुल काले होते हैं।
- **प्राप्ति स्थानः** वनों में यह झाड़ियों व वृक्षों पर चढ़ी हुई पाई जाती है, परन्तु औषधि हेतु इसके बीजों एवं जड़ों का अनियंत्रित दोहन होने से वनों से लुप्त होती जा रही है।
- **फूल तथा फलः** फूल वर्षा ऋतु में तथा फल शरद ऋतु में आते हैं।
- **औषधीय उपयोगः** मुखषोष भ्रमश्वासतृष्णा मद विनाशनम्।
  नेत्रामयहरं वृष्यं वल्यं कण्डँ वृणं हरेत्।। (भावप्रकाश)

(श्वेत तथा लाल दोनों प्रकार की गुंजा बालों के लिए हितकर, वात, पित्त, ज्वर, मुख का सूखना, भ्रमरोग, श्वास, तृषा, मद और नेत्र रोग को नष्ट करने वाली होती है।)

- स्वरभंग में श्वेत गुंजा के पत्ते कवावचीनी के साथ या अकेले मिश्री मिलाकर चूसने को दिये जाते हैं।
- मुखपाक में भी पत्ते चूसने से लाभ होता है।
- सूजन पर पत्तों का स्वरस तैल में मिलाकर लगाते हैं। घाव पर भी इसका उपयोग करते हैं।
- वीर्य विकार में 2 माशे जड़ को दूध में पकाकर भोजन के पूर्व रात में देते हैं।
- पत्तों का रस तैल में मिलाकर सूजन में लगाने से दर्द ठीक हो जाता है।
- बीजों को पानी में पीसकर लेप सिर के बालों में लगाने से सिर के जूँए मर जाते हैं।
- पत्तों का रस श्वेत कुष्ठ में लगाने से लाभ होता है।

- दो बीजों को अच्छी तरह पीसकर गुड़ के साथ मिलाकर गर्भवती महिला को खिलाने से गर्भपात हो जाता है।
- सफेद गुंजा के दो बीजों को रातभर आधा कप पानी में भिगोकर सुबह उस पानी के साथ बीजों को खालीपेट महिलाओं को महावारी के चौथे दिन खिलाने से 2 साल तक गर्भ नही ठहरता है।
- पत्तों का रस दस्त तथा पेचिश में देने से लाभ होता है।
- जड़ तथा पत्ते स्वाद में मुलैठी की तरह मीठे होते हैं जो सर्दी तथा खाँसी में उपयोग किये जाते हैं।
- बीजों का लेप सूजन पर लगाया जाता है।
- गुंजा की जड़, पारे का काला सल्फाइड, नीम का फल, भाँग तथा जमालगोटा के बीजों को नीबू के रस में पीसकर लेप को लकवा में खाने से लाभ होता है।
- ताजे पत्तों का रस रक्त शुद्धि हेतु लिया जाता है। सर्प काटने पर जड़ का लेप काटे स्थान पर लगाते हैं।
- पत्तों को सरसों के तेल में गर्म करके गठियावात में लगाने से आराम मिलता है।

नोटः गुंजा के बीजों में विषेलापन होता है, अतः शोधन के उपरान्त ही उपयोग करना चाहिये। इसकी जड़ गुणों में कुछ मुलैठी के समान होती है, तथा इसमें भी मुलैठी में पाया जाने वाला ग्लिसराइजिन (Glycyrrhizin) नामक तत्व होता है। इस कारण कभी-कभी यह मुलैठी के प्रतिनिधि द्रव्य (Substitute) के रूप में उपयोग की जाती है।

गुंजा (*Abrus precatorius* L.)

❖ ❖ ❖

36. गुड़मार

- **वानस्पतिक नामः** गीम्नेमा सील्वेस्ट्रि [*Gymnema sylvestre* (Retz.) R.Br. ex Sm.]
- **कुलः** अपोसीनेसिए (Apocynaceae)
- **अन्यनामः** संस्कृत – मेषश्रृंगी, मधुनासिनी, अजश्रृंगिका
  हिन्दी – गुड़मार, मेढ़ासिंगी
- **वितरणः** कोंकण से त्रावणकोर तक दक्षिण भारत में विशेष रूप से तथा उत्तरी एवं पश्चिमी भारत में भी पाई जाती है।
- **वर्णनः** यह पतली, काष्ठीय, बहुशाखित, सघन रोंयेदार आरोही लता होती है। पत्ते अभिमुख, अण्डाकार-आयताकार या लटवाकार, 1-2 इंच लम्बे, नोकदार व मृदुरोमश होते हैं। फूल छोटे, पीले, घंटिकाकार, उत्छत्रवत मंजरियों में लगते हैं। फली 2-3 इंच लम्बी, कठोर, भालाकार, क्रमशः नुकीली होती है। बीज अण्डाकार -आयताकार, चपटे तथा हल्के भूरे पंख से युक्त होते हैं।
- **प्राप्ति स्थानः** वनों से अधिक विदोहन से लुप्त हो रही है।
- **फूल तथा फलः** फूल मार्च से अप्रैल तथा फल मई से जून तक आते हैं।
- **औषधीय उपयोगः**

मेषश्रृंगी रसे तिक्ता वातला श्वासकासहृत्।
रूक्षा पाके कटुः पित्त व्रण श्लेष्माक्षिशूलनुत्।।

(भावप्रकाश)

(गुड़मार – तिक्त रसयुक्त, वातकारक, रूक्ष, विपाक में कटु रस युक्त एवं श्वांस, कास, पित्त, व्रण, कफ और नेत्रशूल को दूर करने वाली होती है।)

- मधुमेह में इसके पत्तों को चबाने या पत्तों के चूर्ण को 1-2 माशे की मात्रा में गाय के दूध के साथ या शहद के साथ सेवन से लाभ होता है।
- सर्पदंश में जड़ का काढ़ा पिलाते हैं तथा लेप करते हैं जिससे वमन विरेचन होकर विष कम होता है।
- पत्तों को पीसकर सूजन तथा घाव पर लगाते हैं।
- पत्तों के 2-3 चम्मच रस को दिन में तीन बार, तीन दिन तक देने से मलेरिया ठीक हो जाता है।
- इसके तथा गिलोय के सूखे पत्तों को समान मात्रा में मिलाकर चूर्ण को मधुमेह के उपचार में देते हैं।
- लगभग 12 ग्राम पत्तों में 5-6 काली मिर्च के साथ पीसकर चूर्ण को दिन में तीनबार 15 दिन तक देने से दमा में लाभ होता है।

- पत्ती का रस आँख में डालने से मोंतियाबिंद में लाभ होता है।

नोट : इसकी पत्तियों को चबाने से जीभ का स्वाद ग्रहण शक्ति नष्ट हो जाती है जिससे 1–2 घंटे तक मीठे पदार्थ का स्वाद मालूम नहीं पड़ता। इसी से इसे गुड़मार या मधुनाशिनी कहते हैं।

गुड़मार [*Gymnema sylvestre* (Retz.) R.Br. ex Sm.]

37. गुलसकरी

- **वानस्पतिक नाम:** ग्रेविआ हिर्सुटा (*Grewia hirsuta* Vahl)
- **कुल:** मालवेसिए (Malvaceae)
- **अन्यनाम:** संस्कृत – गुडशर्करा, नागबला
  हिन्दी – गुलसकरी, कुकुराण्ड, कुकुरविचा
- **वितरण:** उत्तर पश्चिमी भारत, नेपाल तथा कोंकण में पायी जाती है।
- **वर्णन:** यह डेढ़ से तीन फीट तक ऊँचा, रोंयेदार पौधा होता है। पत्ते अनेक आकार के रेखाकार, लट्वाकार, भालाकार, लम्बाग्र, छोटे वृंतयुक्त तथा तीक्ष्ण दंतुर और रोमश होते हैं। फूल पीले रंग के होते हैं जो पत्तों के कक्ष से निकलते हैं। फल छोटे, पीले चार खण्ड वाले, रोंयेदार होते हैं जो पकने पर फटकर चार भागों में विभक्त हो जाते हैं।
- **प्राप्ति स्थान:** वनों में यह पर्याप्त मात्रा में पाई जाती है।
- **फूल तथा फल:** सितम्बर से जून तक लगते हैं।
- **औषधीय उपयोग:** बला चतुष्टयं शीतं मधुरं बल कान्तिकृत ।
  स्निग्धं ग्राहि समीरास्त्र पितास्त्रक्षत नाशनम्।।

(भाव प्रकाश)

(गुलसकरी- शीतवीर्य, मधुर रस युक्त, बलकारक, कान्तिकारक, स्निग्ध एवं ग्राही होती है और वायु रक्तपित्त, रक्त विकार तथा व्रण को दूर करने वाली होती है।)

- शुक्र दौर्बल्य में इसकी जड़ को पीसकर पिलाया जाता है।
- फोड़े पर इसकी जड़ को पीसकर बाँधने से फोड़ा पककर जल्दी ठीक हो जाता है।
- आमातिसार में पत्तों का काढ़ा दिया जाता है।
- 100 ग्राम जड़ को कूचकर एक लीटर सरसों के तैल में पकाकर छानकर घाव, कटने तथा चोट पर दिन में तीन बार लगाने से आराम मिलता है।
- 100 ग्राम जड़ को पानी में पीसकर इसमें 10–12 कालीमिर्च का चूर्ण मिलाकर काढ़ा बनाते हैं। इस काढ़े को दिन में तीन बार, एक सप्ताह तक देने से मलेरिया ठीक हो जाता है।
- खूनी पेचिश में 50 ग्राम जड़ को पानी में पीसकर दिन में दो बार, तीन चार दिन तक पीने से लाभ होता है।
- मधुमेह में जड़ का लेप दूध में मिलाकर रोजाना देने से लाभ होता है।
- जड़ का चूर्ण दूध के साथ ल्यूकेमियां में देने से लाभ होता है। इसे स्वेतप्रदर तथा रक्तप्रदर में देने से भी आराम मिलता है।

गुलसकरी (*Grewia hirsuta* Vahl)

❖ ❖ ❖

38. गूमा

- **वानस्पतिक नाम:** लेउकास सेफालोटेस [*Leucas cephalotes* (Roth) Spreng.]
- **कुल:** लामिएसिए (Lamiaceae)
- **अन्यनाम:** संस्कृत – द्रोणपुष्पी
हिन्दी – गूमा
- **वितरण:** भारत वर्ष के सभी प्रान्तों में तथा हिमालय में 400 फीट की ऊँचाई तक पाया जाता है।
- **वर्णन:** यह एकवर्षीय पौधा है जिसका तना एवं शाखाएं रोमश तथा चतुष्कोंणीय होती हैं। पत्ते 2–3 इंच लम्बे, अण्डाकार-प्रासवत् या लट्वाकार, दंतुर व रोमश होते हैं। फूल सफेद होते हैं जो लम्बाग्र कोंणपुष्पकों से घिरे होते हैं। पुष्पगुच्छ के ऊपर प्रायः दो पत्तियाँ होती हैं। पुष्प आकृति में द्रोण के समान होते हैं, इसलिए इसे द्रोणपुष्पी कहते हैं।
- **प्राप्ति स्थान:** घास के मैदानों, परती भूमि तथा खेतों में पाया जाता है।
- **फूल तथा फल:** अगस्त से नवंबर तक आते हैं।
- **औषधीय उपयोग:** द्रोंणपुष्पी गुरुः स्वादू रूक्षेष्णा वातपित्त्कृत।
सतीक्ष्णलवणास्वादुपाकाकटवी च मेदिनी।
कफामकामला शोथ तमकश्वास जन्तुजित्।।

(गूमा- गुरु, स्वादिष्ट, रूक्ष, उष्ण, वात पित्त कारक, तीक्ष्ण, लवण रसयुक्त, विपाक में मधुर रसयुक्त, कटु, मल को भेदन करने वाली एवं कफ, आम, कामला, शोथ, तमक श्वास और कृमि को दूर करने वाली होती है।)

- जुकाम में इसका फांट या रस देने से लाभ होता है।
- कफ जनित ज्वर में टंकणक्षार तथा शहद के साथ इसका रस देते हैं।
- इसके फूलों का शर्बत भी जुकाम में लाभ करता है।
- पेट दर्द में इसका रस पिलाते हैं।
- खुजली में इसका रस शरीर पर मलते हैं।
- सरदी से उत्पन्न सिरदर्द में इसके रस का नस्य उपयोगी होता है।
- पीलिया में इसके पत्तों का रस आँखों में डालते हैं।
- रजोरोध एवं कष्टार्त्तव में रस उपयोगी होता है।
- सर्प काटने पर इसका रस पिलाते हैं।
- पत्तों का लेप घी में तल कर फोड़ा पर लगाते हैं।

गूमा [*Leucas cephalotes* (Roth) Spreng.]

39. गूलर

- **वानस्पतिक नामः** फिकुस रासेमोसा (*Ficus racemosa* L.)
- **कुलः** मोरेसिए (Moraceae)
- **अन्यनामः** संस्कृत –उदुम्बर, जन्तुफल, हेमुदुग्धक
  हिन्दी – गूलर, ऊमर, ऊंबर, डूमर
- **वितरणः** भारतवर्ष के प्रायः सभी प्रान्तों में पाया जाता है।
- **वर्णनः** यह मध्यम आकार का पर्णपाती वृक्ष होता है। पत्ते एकान्तरित, 5-6 इंच लम्बे, अण्डाकार, नुकीले, गहरे हरे और चिकने चमकीले होते हैं। फल 1-2 इंच व्यास के सटे हुये और गच्छों में मुख्य तने पर तथा पत्रविहीन शाखाओं पर लगते हैं। कच्चे फल हरे और पकने पर लाल हो जाते हैं। फलों के भीतर प्रायः छोटे-छोटे कीड़े होते हैं।
- **प्राप्ति स्थानः** यह वनों व नदियों के किनारे पाया जाता है ।
- **फूल तथा फलः** फरवरी से सितम्बर तक लगते हैं।
- **औषधीय उपयोगः**

उदुम्बरो हिमो रूक्षो गुरूः पित्तकास्त्रजित।
मधुर स्तुवरो वर्ण्यो व्रणशोघन रोपणः ।।

(भाव प्रकाश)

(गूलर- मधुर तथा कषाय रसयुक्त, शीतल, रूक्ष, गुरू, वर्ण को उत्तम करने वाला, व्रण का शोधन तथा रोपण (घाव भरना) करने वाला एवम् पित्त, कफ तथा रक्तविकार को दूर करने वाला होता है।

- सभी प्रकार के रक्तपित्त के लिये इसके फल तथा छाल का उपयोग किया जाता है। विशेष रूप से रक्तप्रदर, अत्यार्तव, आसन्न गर्भपात, रक्तमेह आदि में इसको देते हैं।
- मधुमेह में फल या जड़ का रस दिया जाता है।
- इसका दूध रक्तातिसार में लाभदायक है।
- बच्चों के अतिसार, वमन व कमजोरी में इसकी 10 बूँद माँ के या गाय के या भैंस के दूध के साथ दिन में एक बार देने से लाभ होता हैं। जड़ को आंव में देते हैं।
- जिन रोगों में रक्तस्राव और शोथ (सूजन) हो उसमें गूलर के फल एवं छाल का काढ़ा विशेष उपयोगी है।
- इसके दूध को सूजन, घाव तथा दर्द में लगाते हैं।
- पत्तों के काढ़े का प्रयोग घाव धोने में करते हैं।
- धात की बीमारी में दूध को बतासे के साथ रोजाना खाते हैं।

- इसके फल का चूर्ण एक चम्मच एक कप पानी के साथ सुबह-शाम लेने से मूत्र में शक्कर का आना बंद हो जाता है।
- इसके दो फलों के काढ़े से सुबह एक बार कुल्ला करने से दाँत व मसूड़े रोग रहित और मजबूत हो जाते हैं।
- आग से जल जाने पर गूलर की छाल का लेप लगाने से जलन शांत होती है।
- पैरों की बिमाई फटने पर गूलर का दूध लगाने से ठीक हो जाती है।
- गूलर के पत्ते के काढे को दो-तीन बूंद की मात्रा में आंख में डालने से आंखों के रोग ठीक हो जाते हैं।

गूलर (*Ficus racemosa* L.)

40. गेंदा

- **वानस्पतिक नामः** टाजेटेस एरेक्टा (*Tagetes erecta* L.)
- **कुलः** अस्टेरेसिए (Asteraceae)
- **अन्यनामः** संस्कृत - झण्डु
  हिन्दी - गेंदा
  अंग्रेजी - Marigold (मैरीगोल्ड)
- **वितरणः** मूलतः मैक्सिको का निवासी है परन्तु सम्पूर्ण भारत वर्ष में शोभा के लिये लगाया जाता है।
- **वर्णनः** यह सुगंधित, एकवर्षीय, रोयेंदार पौधा है जिसका तना एवं शाखायें कोणीय होती हैं। पत्ते एकान्तर, पक्षवत, विभक्त, रोमश, सुगंधित, भालाकार या आयताकार, दन्तुर होते हैं। फूल मुण्डक में गहरे पीले या नारंगी रंग के होते हैं। बीज लम्बे और काले होते हैं।
- **प्राप्ति स्थानः** शोभा के लिये बागों या घरों में लगाया जाता है।
- **फूल तथा फलः** नवम्बर से फरवरी तक लगते हैं।
- **औषधीय उपयोगः**

झण्डुः कटुकषाया स्याक्तिक्ता सीता च वीर्यतः।
कफपित्त प्रशमनं रक्तसांग्रहिकं परम।।

(द्रव्यगुण विज्ञान)

(गेंदा -कटु कषाय रसयुक्त, तिक्त एवं शीतवीर्य और कफ पित्त शामक व श्रेष्ठ रक्त स्तम्भक होता है।)

- इसके फूलों की पंखुड़ियाँ 5-10 ग्राम की मात्रा में घी में तलकर खाने से खूनी बवासीर में लाभ होता है।
- इसके पत्तों को सूजन पर लगाते हैं तथा इनका स्वरस गुनगुना करके कान दर्द में डालते हैं।
- नाक से रक्त निकलने पर पत्तों के रस का नस्य देते हैं।
- पत्तों को पीसकर फोड़ा तथा फुंसी पर लगाते हैं।
- फूल रक्त शोधन हेतु दिये जाते हैं।
- फूलों का रस बवासीर में दिया जाता है।
- पत्तों के काढ़े से रोज तीन-चार बार कुल्ला करने से दाँत दर्द शान्त होता है।
- इसके बीज की गिरी का चूर्ण मिश्री मिलाकर फांकने से दमा व खाँसी में लाभ होता है।
- फूलों का उपयोग नेत्र विकार तथा जख्मों पर लगाने के लिए उपयोग करते हैं।
- रक्तार्श, रक्त प्रदर आदि में फूलों का स्वरस घी मे तल कर खाने को देते हैं।

गेंदा (*Tagetes ereecta* L.)

❖ ❖ ❖

41. गेंठी

- **वानस्पतिक नामः** डिओस्कोरेआ बुल्बिफेरा (*Dioscorea bulbifera* L.)
- **कुलः** डिओस्कोरिएसिए (Dioscoreaceae) (*Dioscorea bulbifera* L.)
- **अन्य नामः** संस्कृत – वाराही कंद, ग्रष्टि, वाराहवदना
  हिन्दी – गेंठी, वाराही कंद, रतालू, सूअर आलू
  अंग्रेजी – Potato Yam (पोटैटो याम), Air Potato (एयर पोटैटो)
- **वितरणः** भारतवर्ष के सभी प्रान्तों व हिमालय में 6000 फीट की ऊँचाई तक पायी जाती है।
- **वर्णनः** यह आरोही लता होती है जो बाँयी ओर मुडी रहती है जिसका तना चिकना तथा पत्तों के कक्ष में एक इंच व्यास के कंद समान पत्रकंद (Bulbils) लगे होते हैं। पत्ते एकान्तर, पान के पत्तों के समान, लम्बी नोक वाले होते हैं जिनके पत्राधार पर – 9 शिरायें होती हैं। फूल द्विलिंगी होते हैं। नर फूलों की मंजरियाँ 2–4 इंच लम्बी, नीचे की ओर लटकी हुई तथा मादा फूलों की मंजरियाँ 4–10 इंच लम्बी होती हैं। फल तीन पंख वाले तथा बीज भी आधार पर पंखयुक्त होते हैं। कंद छोटे आकार के भूरे रंग का होते हैं जिन पर वराह (सूअर) की तरह रोम होते हैं।
- **प्राप्ति स्थानः** वनों में यह झाड़ियों पर चढ़ी हुई पायी जाती है।
- **फूल तथा फलः** अगस्त से नवम्बर तक आते हैं।
- **औषधीय उपयोगः**

वाराही तु रसे स्वाद्वी तिक्ता पाके पुनः कटु।
शुकायुः स्वखर्णाग्नि बल पित्त विवद्धिर्नी।
कफ कुष्ठ मरून्मेह कृमि हृच्च रसायनी।

(भावप्रकाश)

(गेंठी – मधुर तथा तिक्त रस युक्त, पाक में कटु और रसायन एवं शुक्र, आयु, स्वर, वर्ण, जठराग्नि, बल और पित्त को बढ़ाने वाली एवं कफ, कुष्ठ, वात, प्रमेह तथा कृमि को दूर करने वाला होती है।)

- दस्त, पेचिश, पेटदर्द, बवासीर आदि रोगों में इसके फलों को जीरा तथा शक्कर के साथ देते हैं।
- सूखे पिसे हुए कंद को फोड़े पर लगाते हैं इनको बवासीर, पेचिश तथा आतशक में भी उपयोग करते हैं। पत्रकंदों (Bulbils) को पीसकर घाव पर लगाते हैं।
- 25 ग्राम कंद को आग में भूनकर सुबह रोजाना देने से खाँसी में आराम मिलता है।
- 5 ग्राम भुना हुआ कंद शुक्रपात में रोजाना एक माह तक देने लाभदायक होता है।

- कंद का लेप हड्डी टूटने पर बांधने से लाभ होता है।
- कंद का लेप पेट दर्द में भी दिया जाता है।

गेंठी (*Dioscorea bulbifera* L.)

42. गोखरू

- **वानस्पतिक नामः** ट्रिबुलुस टेरेंस्ट्रिस (*Tribulus terrestris* L.)
- **कुलः** जीगोफील्लेसिए (Zygophyllaceae)
- **अन्यनामः** संस्कृत–गोक्षुर, त्रिकंटक, चणद्रुम, इक्षुगन्धिका
  हिन्दी– गोखरू, छोटा गोखरू
  अंग्रेजी – Land Caltrops (लैंड कैल्ट्राप्स), Puncture Vine (पंक्चर वाइन)
- **वितरणः** समस्त भारत वर्ष में पाया जाता है।
- **वर्णनः** यह जमीन पर फैलने वाला एकवर्षीय पौधा है जिसकी 1–3 फीट लम्बी, रोमश शाखायें जमीन पर चारों ओर फैली रहती हैं। पत्ते विपरीत, चने के पत्तों की तरह, प्रायः असम तथा जोड़ी में आते हैं। पत्रक आयताकार, 4–7 जोड़े, छोटे, आधार की तरु कुछ तिरछे होते हैं। फूल छोटे, पीले रंग के तथा पत्तों के बिपरीत निकलते हैं। फल गोल, किंचित चपटे तथा उनपर पांच जोड़े बड़े काँटे लगे रहते हैं। ये पाँच दल वाले होते हैं और सूखने पर प्रायः पाँचो दल त्रिकोणाकार अलग–अलग हो जाते हैं तथा उनके दोनों छोर पर एक–एक बड़ा काँटा तथा आधार पर दो छोटे काँटे रहते हैं। प्रत्येक दल में अनेक बीज होते हैं।
- **प्राप्ति स्थानः** खेत की मेड़ों, सड़कों के किनारे, परती जमीन आदि में मिलता हैं।
- **फूल तथा फलः** मई से जून तक तथा सितम्बर से नवम्बर तक आते हैं।
- **औषधीय उपयोगः**

गोक्षुरः शीतलः स्वादुर्बलकृद्वस्ति शोधनः ।
मधुरो दीपनो वृष्यः पुष्टि दश्चाश्मरीहरः।।
प्रमेह श्वास कासार्शः कृच्छ हृद्रोग वातनुत् ।।

(भावप्रकाश)

(गोखरू – शीतवीर्य, स्वादु, बलकारक, वस्तिशोधक मधुर रसयुक्त, अग्नि दीपक, वृष्य तथा पुष्टिाकरक होता है। यह पथरी, प्रमेह, श्वास, खाँसी बवासीर, मूत्रकृच्छ, हृदयरोग तथा वात को दूर करने वाला होता है।

- इसके फलों का फांट वृक्क विकार, पथरी तथा वात रक्त में मूत्रल औषधि के रूप में बहुत उपयोगी है।
- सूजाक तथा वस्तिशोथ में फलों का काढ़ा देते हैं।
- इसके चूर्ण को शहद के साथ खाकर ऊपर से बकरी का दूध 7 दिन पीने से पथरी में लाभ होता है।

- गोखरू तथा तिल का सम भाग चूर्ण शहद एवं बकरी के दूध के साथ सेवन करने से हस्तमैथुन जन्य कमजोरी में लाभ होता है।
- गर्भाशय शुद्ध होकर बाँझपन नष्ट होने के लिए गोखरू का फाँट देते हैं।
- पत्ते बाजीकारक तथा रक्त शोधक होते हैं।
- पत्तों के काढ़े से कुल्ला करने से मुखरोग तथा मसूड़ों का दर्द ठीक हो जाता है तथा सूजन कम हो जाती है।
- फलों का फाँट बहुत मूत्रल होता है तथा यह बहुत अच्छा बाजीकारक होता है।

गोखरू (*Tribulus terrestris* L.)

43. गोभी

- **वानस्पतिक नामः** एलेफांटोपुस स्काबेर (*Elephantopus scaber* L.)
- **कुलः** अस्टेरेसिए (Asteraceae)
- **अन्यनामः** संस्कृत – गोजिह्वा, खरपरणिनी, मयूर शिखा
  हिन्दी – गोभी
- **वितरणः** भारत वर्ष के सभी उष्ण भागों में पाई जाती है।
- **वर्णनः** यह सीधा, दृड़, एकवर्षीय पौधा है जिसके मूलीय पत्ते गुच्छे के रूप में निकलते हैं जो 4–6 इंच लम्बे, अभिलट्वाकार होते हैं। तना पतला, द्विभाजी तथा रोंयेदार होता है जिस पर 1–3 इंच लम्बे, अवृंत तथा दूर-दूर पत्ते लगे रहते हैं। फूल मुण्डक के रूप में आते हैं जो सूक्ष्म तथा समूह वद्ध होकर प्रायः 3 पत्रवत कोणपुष्पकों के बीच में रहते हैं।
- **प्राप्ति स्थानः** वनों में प्रायः बहुतायत में पाई जाती है।
- **फूल तथा फलः** सितम्बर से दिसम्बर तक आते हैं।
- **औषधीय उपयोगः**

गोजिह्वा वातला शीता ग्राहिणी कफपित्तनुत्।।
हृद्या प्रमेह कासास्त्र व्रणज्वर हरी लघुः।
कोमला तुवरा तिक्ता स्वादुपाकरसा स्मृता।। (भावप्रकाश)

(गोभी- वातकारक, शीतवीर्य, ग्राही, कफपित्तनाशक, हृदय के लिए हितकर, प्रमेह, कास, रक्तविकार, व्रण तथा ज्वर को दूर करने वाली एवं लघु, कोमल, कषाय, तिक्त तथा मधुर रसयुक्त और विपाक में मधुर होती है)।

- खूनी दस्त तथा बच्चों के दस्त में इसकी जड़ पीसकर पिलाते हैं। जड़ को नारियल के तैल में पकाकर फोड़ा तथा छाजन में लगाते हैं।
- जड़ तथा पत्तों का काढ़ा मूत्ररोग, दस्त, पेचिश तथा सूजन में दिया जाता है।
- जड़ को बमन रोकने के लिये देते हैं तथा काली मिर्च के साथ चूर्ण बनाकर दांत दर्द में लगाते हैं।
- पत्तों को मसलकर नारियल के तैल में उबालकर फोड़ा तथा छाजन पर लगाते हैं।
- जड़ तथा पत्तों का काढ़ा कष्टकारक मूत्र में दिया जाता है।
- पत्तों को मसलकर चावल के साथ पेट दर्द में देने से आराम मिलता है।
- पशुओं के घाव में कीड़े पड़ने पर 25 ग्राम जड़ को पानी में पीसकर दिन में दो बार 4–5 दिन तक देने से लाभ होता है।
- जड़ के लेप को फोड़े पर भी लगाते हैं।

गोभी (*Elephantopus scaber* L.)

44. ग्वारपाठा

- **वानस्पतिक नाम:** अलोए वेरा (Aloe vera (L.) Burm. f.)
- **कुल:** अस्फोडेलेसिए (Asphodelaceae)
- **अन्यनाम:** संस्कृत – कुमारी, गृहकन्या, घृतकुमारिका
  हिन्दी – घीकुआंर, ग्वारपाठा
  अंग्रेजी – Indian Aloe (इन्डियन एलोए)
- **वितरण:** भारत वर्ष के प्राय: सभी प्रान्तों में पाया जाता है।
- **वर्णन:** इसका पौधा बहुवर्षीय, मांसल, 1 से 2 फीट ऊंचा हाता है। पत्ते मासल, मोटे, हरे, भालाकार, सीधे फैले हुये, किनारों पर मुडे हुये, एक से डेढ फीट लम्बे, 4 इंच तक चौडे एवं दंतुर होते हैं। इनके भीतर घी के समान पीले रंग का गूदा होता है। पत्तों के बीच से लम्बा पुष्पदंड निकलता है जिस पर लाल रंग के फूल आते हैं। फल कोष्ठस्फोटी होते हैं।
- **प्राप्ति स्थान:** कहीं कहीं वनों में मिलता है। अधिकांशत: इसकी खेती होती है तथा लोग अपने घरों में भी लगाते हैं।
- **फूल तथा फल:** शीतकाल के अंत में फूल तथा फल आते हैं।
- **औषधीय उपयोग:**

कुमारी भेदिनी शीता तित्ता नेत्रया रसायनी।
मधुरा बृंहणी वल्या वृष्या वातविषप्रणुत।
गुल्मप्लीहयकृद्वृद्धिकफज्वरहरी हरेत्।
ग्रन्थ्यग्निदग्धविस्फोटपित्तरक्तत्वगामयान्।। (भावप्रकाश)

(घीकुआंर-मल को भेदन करने वाली, शीतल, तिक्त तथा मधुर रस युक्त, नेत्रों के लिये हितकर, रसायन, बृंहण, बलकारक, वृष्य एवं वात, विष, गुल्म, प्लीहा, यकृत की बृद्धि, कज्वर, अग्निदग्ध, विस्फोटक, पित्त, रक्तविकार और चर्मरोग को नाश करने वाली होती है।)

- सौन्दर्य प्रसाधनों के निर्माण में विशेष रूप से चेहरे की सुन्दरता को बढाने के लिये इससे अनेकों उत्पाद बनाये जा रहे हैं।
- जिन महिलाओं को मासिक धर्म के समय दर्द होता है उन्हें सुबह शाम 25-50 ग्राम ग्वारपाठे के रस का सेवन मासिक धर्म प्रारंभ होने से 7 दिन पूर्व ही कर लेना चाहिये।
- मासिक धर्म समय पर नहीं आने पर गर्भाधान नहीं हो पा रहा हो तो ग्वारपाठे का छिल. का तवे पर गरम करके उस पर हल्दी का चूर्ण भुरककर नाभि के नीचे के हिस्से में बांध दें तथा ग्वारपाठे का रस पीने को दें। इससे 4 से 6 दिन में खुलकर रक्तश्राव हो जायेगा।
- ग्वारपाठे के रस की मालिश करने से चर्म रोग में आराम मिलता है।

- धूप से जली हुई त्वचा पर इसके रस का लेप करने से वह ठीक हो जाती है।
- ग्वारपाठे का छिलका दांत पर रगड़ने तथा इसे चबाने से दांत विकारों में लाभ होता है।
- चोट वाले स्थान पर ग्वारपाठे का रस लगाने से घाव नहीं पकता है।
- आग से जलने पर ग्वारपाठे का रस लगाने से जलन मिट जाती है तथा फफोले नहीं पड़ते हैं।
- हल्दी तथा ग्वारपाठे का रस छाती पर मलने से कफ विकार दूर होते हैं।
- ग्वारपाठे का रस आध चम्मच, एक चौथाई भाग काली मिर्च तथा एक चौथाई भाग सौंठ, शहद के साथ मिलाकर देने से खांसी में लाभ मिलता है।
- पेट दर्द में ग्वारपाठे की सब्जी बनाकर खिलाने से आराम मिलता है।
- ग्वारपाठे का रस 20 से 30 ग्राम पिलाने तथा हल्दी एवं ग्वारपाठे का गूदा मिलाकर लगाने से बवासीर में आराम मिलता है।
- ग्वारपाठे का डेढ इंच टुकडा सुबह शाम लेने से कब्ज दूर होती है।
- नमक तथा ग्वारपाठे का रस पीने से यकृत की सूजन दूर होती है।
- गेहँू का आटा, ग्वारपाठे का गूदा, अजवाइन, सेंधा नमक तथा जीरा मिलाकर चपाती बनाकर खिलाने से वायु विकार में आराम मिलता है।
- साबुन तथा सेम्पू की तरह गूदे को सम्पूर्ण शरीर पर लगाने से त्वचा को उचित पोषण मिलता है और त्वचा स्वस्थ रहती है।

ग्वारपाठा (।सवम अमतं (स्प) ठनतउण पि)

❖ ❖ ❖

45. चकोंड़ा

- **वानस्पतिक नाम:** सेन्ना टोरा [Senna tora (L.) Roxb.] (syn. Cassia tora L.)
- **कुल:** फाबेसिए (Fabaceae)
- **अन्यनाम:** संस्कृत- चक्रमर्द, दद्रुघ्न, मेषलोचन
  हिन्दी - चकोंड़ा, चकवड़, पवांड, पवांर
- **वितरण:** समस्त भारत वर्ष में विशेषत: उष्ण प्रदेशों में पाया जाता है।
- **वर्णन:** यह 1-3 फीट तक ऊँचा, एकवर्षीय, दुर्गन्धियुक्त पौधा है। पत्ते संयुक्त, पत्रक तीन जोड़े, एक से दो इंच लम्बे, अभिलट्वाकार, गोलाग्र होते हैं। ऊपर के पत्रक क्रमश: बड़े होते हैं। निचले दो जोड़े पत्रकों के बीच में एक-एक रेखाकार ग्रंथि होती है। फूल छोटे, पीले रंग के, कक्षीय एवं दो-दो के जोड़ों में आते हैं। फली 5-8 इंच लम्बी, पतली, चतुष्कोणीय तथा कुछ मुड़ी हुई होती है। बीज आयताकार, कड़े व मैंथी के समान होते हैं।
- **प्राप्ति स्थान:** यह वर्षाकाल में जंगल, मैदान, सड़क के किनारे, गंदे स्थानों आदि में अत्यधिक पाया जाता है।
- **फूल तथा फल:** अगस्त से अक्टूबर तक लगते हैं।
- **प्रयोग:**

  चक्रमर्दो लघु: स्वादु रूक्ष: पित्तानिलापह: ।
  हृद्यो हिम: क श्वास कुष्ठ दद्रु कृमीन्हरेत ।।
  हन्त्युष्णं तरुलं कुष्ठ कण्डू दद्रू विषानिलान्।
  गुल्म कास क्रिमि श्वास नाशनं कटुकं स्मृतम् ।।

  (भावप्रकाश)

(चकोडा़- लघु, स्वादिष्ट, रूक्ष, पित्तवात नाशक, हृदय के लिए हितकर, शीतवीर्य, क, श्वास, कुष्ठ, दाद और कृमि को नष्ट करने वाला होता है। इसका फल उष्णवीर्य और कटुरस युक्त होता है एवं कुष्ठ, खुजली, दाद, विष, वायु, गुल्म, कास कृमि और श्वांस इन सब रोगों को दूर करने वाला होता है।)

- इसका बीज चूर्ण त्वचा रोगों जैसे दाद, खुजली, कुष्ठ, छाजन आदि में बहुत लाभदायक है। दाद में मूली के पत्ते के साथ या नीबू के रस के साथ या करंज के तैल के साथ पीसकर इसे लगाया जाता है। छाजन में मट्ठे के साथ पीसकर लगाते हैं। घाव पर उत्पन्न होने वाली तंतु युक्त गाँठों के लिये इसके बीजों को सेंहुड के दूध में भिगोकर फिर गोमूत्र में पीसकर लेप करने से लाभ होता है।
- अर्धविभेदक आदि शिरोरोग में करंज के साथ बीजों का लेप उपयोगी है।
- इसके पत्तों का काढ़ा बच्चों के विकारों विशेषकर दाँत निकलने के समय ज्वर आदि होने पर मृदु विरेचक के रूप में दिया जाता है।

- पत्तों का पुल्टिस बनाकर फोड़ों पर बाँधने से फोड़े जल्दी पक जाते हैं एवं संधिवात व ग्रधृसी में भी इनके बाँधने से दर्द कम होता है।
- इसके पत्तों को एरण्ड तैल में भूनकर दुर्गन्ध युक्त घावों में पुल्टिस के रूप में प्रयोग से लाभ होता है।
- चर्मरोगों में इसके बीज दूधी (*Euphorbia hirta*) का दूध, गौमूत्र, दही, नीबू का रस, अरण्डी का तैल तथा भांगरा मिलाकर पीसकर लगाते हैं।
- चकोंडा तथा भांगरा के पौधों को उबालकर तथा तिल के तैल में पकाकर जो तैल प्राप्त होता है। इसे चक्रमर्द तैल कहते हैं यह दाद में बहुत उपयोगी होता है।

चकोंड़ा [*Senna tora* (L.) Roxb.]

46. चिरचिरा

- **वानस्पतिक नाम:** अकीरांथेस अस्पेरा (*Achyranthes aspera* L.)
- **कुल:** अमारांथेसिए (Amaranthaceae)
- **अन्य नाम:** संस्कृत - अपामार्ग, शिखरी, खरमंजरी, मयूरक
  हिन्दी - लटजीरा, चिरचिरा, ओंगा, अद्धाझारा, चिरचिटा
  अंग्रेजी - च्तपबासल बेंर्ीि थ्सवूमत (प्रिकली चैफ फ्लॉवर)
- **वितरण:** प्राय: भारत वर्ष के सब प्रांतो में पाया जाता है।
- **वर्णन:** यह एकवर्षीय, एक से तीन फीट ऊँचा पौधा है जिसका तना कोणीय तथा हल्के लाल या बैंगनी रंग का होता है। पत्ते चौलाई के पत्तों की तरह, कुछ गोल, अण्डाकर या नुकीले होते हैं जो एक दूसरे के सम्मुख लगे रहते हैं। पुष्पदंण्ड लगभग डेढ़ फुट तक लम्बा होता है उस पर लाल गुलाबी या हरे सफेद फूल निकलते हैं। उसी दण्ड पर काँटेदार छोटे-छोटे फल उल्टे लगे रहते हैं जो कपड़ों पर चिपट जाते हैं।
- **प्राप्ति स्थान:** यह सड़कों के किनारे, खेत की मेड़ों, खाली पड़ी भूमि पर झाड़ियों के बीच उगता है। वनों में यह छायाकार नम स्थानों में मिलता है।
- **फूल तथा फल:** अगस्त से दिसम्बर तक लगते हैं।
- **औषधीय उपयोग:**

अपामार्ग: सरस्तीक्ष्णो दीपनस्तिक्तक:कटु :।
पाचनो रोचनश्छर्दिकफ मेदोअनिलापह:।
निहन्ति हृद्रुजाधमार्श: कण्डू शूलोदरापची।।

(भावप्रकाश)

(चिरचिरा-तिक्त तथा कटु रसयुक्त, सारक, तीक्ष्ण, अग्निदीपक, पाचक, रोचक, एवं वमन, कफ, मेद, वायु, हृद्ररोग, अफरा, अर्श, कण्डू, शूल, उदररोग और अपच को दूर करता है।)

- सर्पविष, बिच्छू काटने, चूहा काटने तथा पागल कुत्ते के काटने पर जड़, पंचाग या बीज का लेप लगाते हैं तथा जड़ पीसकर पिलाते हैं।
- आँख की फूली में इसकी जड़ को शहद के साथ पीसकर अंजन करते हैं।
- दाँत दर्द में पत्तों का रस मसूड़ों पर मलते हैं। इसकी दतून करने से भी लाभ होता है।
- खूनी बवासीर (रक्तार्श) में बीजों का लेप उपयोगी होता है।
- एक चुटकी इसकी जड़ का चूर्ण व इतनी ही मात्रा में काली मिर्च का चूर्ण शहद के साथ मिलाकर देने से खाँसी ठीक हो जाती है।
- यकृत विकार में सूखे पौधे को मिश्री के साथ पीसकर प्राप्त चूर्ण को दो चम्मच गाय के दूध के साथ दिन में दो बार, खाने से एक घंटा पूर्व लेने से लाभ होता है।

- बीजों को भूनकर शहद के साथ कुकर खाँसी में दिया जाता है। सूखी पत्तियों का चूर्ण शहद के साथ या मिश्री के साथ देने से दस्त व पेचिश में लाभ होता है।
- जड़ की राख शहद के साथ मिलाकर खाँसी मे दी जाती है तथा बवासीर मे भी लगाते हैं।
- इसकी जड़ को दिन में दो बार चबाने से पाइरिया में लाभ होता है तथा दाँत मजबूत होते हैं।
- महिला को इसकी जड़ का छल्ला बनाकर बाँये पैर की उगली में पहनाने से प्रसव शीघ्र हो जाता है। प्रसव के तुरंत बाद छल्ला को निकाल देना चाहिए।
- पौधे को कूटकर पानी में उबालकर काढ़े को बच्चों को निमोनिया में देते हैं।
- पत्तों का रस पेचिश में देते हैं।
- पागल कुत्ते के काटने पर पुष्पदंड़ को शक्कर के साथ मिलाकर गोली बनाते हैं। इन गोलियों को कुत्ता काटे व्यक्ति को खिलाते हैं।
- पौधे की राख दमा तथा खाँसी में दी जाती है।
- इसके बीजों की खीर बनाकर खाने से कई दिनों तक भूख नहीं लगती है।

चिरचिरा (*Achyranthes aspera* L.)

❖ ❖ ❖

47. चिलविल

- **वानस्पतिक नाम:** होलोप्टेलेआ इंटेग्रिफोलिआ [*Holoptelea integrifolia* (Roxb.) Planch.]
- **कुल:** उल्मेसिए (Ulmaceae)
- **अन्यनाम:** संस्कृत - चिरबिल्व, पूति करंज, करंजी
  हिन्दी - चिलबिल, चिरमिल, पापरी, वनचिल्ला
- **वितरण:** समस्त भारत वर्ष में 2000 फीट की ऊँचाई तक वनों तथा सड़कों के किनारे पाया जाता है।
- **वर्णन:** यह मध्यम या बड़े आकार का पर्णपाती वृक्ष होता है जिसकी छाल में उभार तथा शाखाएं लटकी हुई सफेद रंग की होती हैं। पत्ते एकान्तर, दो कतारों में निकले हुये, अण्डाकार या लट्वाकार, नोंकदार, दुर्गन्ध युक्त होते हैं। हरे पत्तों में पादर्शक बिन्दु होते हैं तथा शुष्क पत्तों में अधर तल पर छोटे बिन्दुवत उभार होते हैं। फूल छोटे, हरे, पत्र विहीन शाखाओं में अग्र पर गुच्छों में लगते हैं। फल सपक्ष, चपटा, गोल या अण्डाकार एवं नताग्र होता है। बीज चपटे होते हैं।
- **प्राप्ति स्थान:** यह वनों तथा नदियों के किनारे पाया जाता है।
- **फूल तथा फल:** फूल फरवरी-मार्च तथा फल अप्रैल- मई में आते हैं।
- **औषधीय उपयोग:**

करंजी स्तम्भनी तिक्ता तुवरा कटुपाकिनी ।
वीर्योष्णा वमिपित्तार्श: कृमिकुष्ठ प्रमेहजित् ।।

(भावप्रकाश)

(चिलविल - स्तम्भक, तिक्त, तथा कषाय रसयुक्त, पाक में कटु रस युक्त और उष्णवीर्य होती है। यह वमन, बवासीर, कृमि, कुष्ठ तथा प्रमेह को दूर करने वाली है।)

- इसकी छाल को उबालकर पीसकर उसका लेप अथवा जड़ को पीसकर संधिशोथ पर लगाते हैं तथा उबली हुई छाल को ऊपर से बाँध देते हैं।
- पत्तों का चूर्ण तैल में उबालकर तैल को घाव पर लगाते हैं।
- दाद में बीज को जल में घिसकर लगाते हैं।
- 2-3 अंगुल लम्बी छाल का काढ़ा उदररोग, बवासीर तथा कृमि में दिया जाता है।
- काढ़ा कुष्ठ तथा चर्मरोगों में भी प्रयुक्त होता है।
- पत्तियों को पीसकर लेप को दाद में लगाने से लाभ होता है।

चिलबिल [*Holoptelea integrifolia* (Roxb.) Planch.]

48. चित्राक

- **वानस्पतिक नामः** प्लुंबागो जेईलानिका (*Plumbago zeylanica* L.)
- **कुलः** प्लुंबाजिनेसिए (Plumbaginaceae)
- **अन्यनामः** संस्कृत - चित्रक, अग्नि
  हिन्दी - चित्रक, चीता, चितावर, चीत
  अंग्रेजी - स्मंकूवतज (लेडवर्ट), Doctor bush (डॉक्टर बुश)
- **वितरणः** भारत वर्ष में प्रायः सभी प्रांतों में एवं हिमालय के निचले भागों में 4000 फीट की ऊँचाई तक पाया जाता है।
- **वर्णनः** यह 2 से 4 फीट तक ऊँचा, वहुवर्षीय झाड़ीदार पौधा है, जिसके तने पर लम्बाई में धारियाँ होती हैं। पत्ते विपरीत, अण्डाकार या लट्वाकार, नोकदार तथा चिकने होते हैं। पत्राधार संकरा होकर एक छोटे से पर्णवृंत में परिणत हो जाता है। फूल सफेद रंग के लम्बी नलिकाओं वाले होते हैं जो 4 से 12 इंच लम्बे, शाखायुक्त पुष्पदण्ड पर लगते हैं। फूलों के बाह्यकोश पर सवृंत चिपचिपी ग्रंथियाँ होती हैं। फल जौ के आकार का लम्बगोल, नुकीला तथा चिपचिपे ग्रंथिमय स्थाई बाह्यकोश के भीतर होता है।
- **प्राप्ति स्थानः** यह सड़कों तथा नहरों के किनारे, बेहड़ों, जंगलों आदि में झाड़ियों के बीच उगता है।
- **फूल तथा फलः**
- **औषधीय उपयोगः**

चित्रकः कटुकः पाके वह्निकृत पाचनो लघु।
रूक्षोष्णो ग्रहणीकुष्ठशोर्थशःकृमिकाशनुत।।

(भावप्रकाश)

(चित्रक - कटु रसयुक्त, पाक में अग्निदीपक, पाचक, रूक्ष, उष्णवीर्य, है। यह अतिसार, कुष्ठ, चर्मरोग, शोथ, बवासीर, कृमि, तथा कास को दूर करने वाला होता है।)

- बवासीर में जड़ के चूर्ण को दही के साथ देने से लाभ होता है।
- यकृत तथा प्लीहा वृद्धि में जड़ का चूर्ण मट्ठा के साथ देने से लाभ होता है।
- जड़ को पानी के साथ पीसकर, छानकर दूध के साथ देने से त्वचारोग, कुष्ठ तथा जोड़ों के दर्द में लाभ होता है।
- जड़ को पानी के साथ पीसकर लेप को फोड़ा पर लगाने से ठीक हो जाता है।
- जड़ का काढ़ा प्लीहावृद्धि में देने से लाभ होता है।
- जड़ का चूर्ण गर्भनिरोधक के रूप में महिलाओं को दिया जामा है।

- जड़ का चूर्ण नियमित लेने से भूख बढ़ती है, अपच ठीक होता है तथा पाचन शक्ति में सुधार होता है।
- जड़ का चूर्ण देने से दस्त ठीक होते हैं।

चित्रक (*Plumbago zeylanica* L.)

❖ ❖ ❖

49. छोटी इन्द्रायन

- **वानस्पतिक नामः** सिट्रूल्लुस कोलोसींथिस [*Citrullus colocynthis* (L.) Schrad.]
- **कुलः** कुकुरबिटेसिए (Cucurbitaceae)
- **अन्यनामः** संस्कृत - महेन्द्रवारुनी, गवाक्षी, चित्रा
  हिन्दी - इन्द्रायन, छोटी इन्द्रायन
  अंगेजी - कोलोसिंथ (Colocynth)
- **वितरणः** यह बंगाल, बिहार, मध्यप्रदेश, राजस्थान सहित पश्चिमोत्तर एवं दक्षिण भारत के अनेकों प्रान्तों में पाई जाती है।
- **वर्णनः** इसकी लता जमीन पर फैली रहती है तथा स्पर्श करने पर अत्यंत कर्कश होती है। पत्ते कर्कश, अनियमित कटे किनारे वाले तथा तरबूजे के पत्तों के समान त्रिकोंणाकार होते हैं जो ऊपर से हरे तथा नीचे से धूसर रंग के होते हैं। फूल हलके पीले रंग के होते हैं। फल गोलाकार, कच्ची अवस्था में हरे तथा सफेद धारीदार एवं पकने पर पीले रंग के हो जाते हैं।
- **प्राप्ति स्थानः** ग्रामीण क्षेत्रों में नदियों के किनारे की रेतीली भूमि में पाई जाती है।
- **फूल तथा फलः** जुलाई से अक्टूबर तक आते हैं।
- **औषधीय उपयोगः**

- आमवात, संधिशोथ, जलोदर, पीलिया तथा बिवंध में इसकी जड़ का चूर्ण सोंठ व गुड़ के साथ देने से लाभ होता है।
- जड़ पीसकर सूजन पर लगाते हैं।
- बीजों के तैल का उपयोग बाल काले रहने के लिए करते हैं।
- फल का चूर्ण गुड़ के साथ खिलाने से पेट के कीड़े मर जाते हैं।
- जड़ पीसकर रस को कान में डालने से कान दर्द में आराम मिलता है।
- ड़ल का चूर्ण सोठ के साथ खिलाने से अस्थमा में लाभ होता है।
- पेट दर्द में फल का चूर्ण गुड़ के साथ देने से पेट दर्द ठीक होता है।
- बवासीर में जड़ का लेप लगाने से लाभ होता है।
- पत्ती पीसकर लेप को कुष्ठ में लगाते हैं।

छोटी इन्द्रायन [*Citrullus colocynthis* (L.) Schrad.]

❖ ❖ ❖

50. जंगली प्याज

- **वानस्पतिक नाम:** ड्रिमिआ इंडिका [*Drimia indica* (Roxb.) Jessop] [syn. *Urginea indica* (Roxb.) Kunth]
- **कुल:** अस्पारागेसिए (Asparagaceae)
- **अन्यनाम:**

  संस्कृत - कोलकंद, वनपलाण्डु

  हिन्दी - जंगली प्याज, काँदा, कोली कांदा

  अंग्रेजी - True Squill (ट्रू स्क्विल), Indian Squill (इंडियन स्क्विल)
- **वितरण:** भारत वर्ष में पश्चिमी हिमालय में 6000 फीट की ऊँचाई तक, कोरोमण्डल तट, कोकण, मध्य भारत तथा छोटा नागपुर में अधिक होती है।
- **वर्णन:** यह कंद युक्त पौधा है जो ऊपर से देखने मे सफेद मूसली के पौधे के समान दिखाई देता है। इसका कंद प्याज की तरह होता है। पत्ते 6-18 इंच लम्बे, एक इंच चौड़े चपटे, रेखाकार एवं नोंकदार होते हैं। पत्तों के निकलने से पूर्व बीच से पुष्पध्वज निकलता है जिसपर हरे सफेद फूल निकलते हैं। फल अण्डाकार होता है जिसमें 6-9 चपटे, काले रंग के बीज होते हैं।
- **प्राप्ति स्थान:** वर्षात में यह वनों में पाई जाती है।
- **फूल तथा फल:** अप्रैल से मई तक आते हैं।
- **औषधीय उपयोग:**

कोलकंद: कटुश्चोष्ण: कृमिकुष्ठ विनाशन: ।
वान्ति हृच्च परं हृद्यो मूत्रलो विषवारण: ।।

(द्रव्यगुण विज्ञान)

(जंगली प्याज- कटु रसयुक्त, उष्णवीर्य, कृमि, कुष्ठ नाशक तथा श्रेष्ठ हृदयहितकर, मूत्रल एवं विष निवारक होता है।)

- बच्चों के जीर्ण श्वासंनली विकारों में इसके शर्बत का उपयोग 10-15 बँद की मात्रा में किया जाता है।
- पुराने क्फ विकारों में इससे तीन तरह से लाभ होता है। जीर्ण क्फ विकारों में हृदय के दक्षिण विभाग में जो शिथिलता आई रहती है वह दूर होती हैं, क्फ ढीला होकर निकलने लगता है एवं पाचन सुधर कर शौच भी साफ होने लगता है। जिनमें क्फ बहुत एवं चिपचिपा होता है, उनमें इससे विशेष लाभ होता है।
- कंद का शर्बत बनाकर फेफड़े की सूजन तथा कफ निस्सारक के रूप में दिया जाता है।
- कंद को पीसकर लेप को नमक के साथ खाने से पेट का वायु विकार ठीक हो जाता है।

- कंद को पीसकर रस को उल्टी होने पर पिलाने से उल्टी बंद हो जीती है।
- कंद के रस को दस्त में पिलाने से दस्त ठीक होता है।
- कंद के लेप को माथे पर लगाने से सर दर्द ठीक होता है।
- कंद को कँचकर सरसों के तैल में पकाते हैं और तैल को जोड़ों के दर्द में मालिश करने से लाभ होता है।

जंगली प्याज [*Drimia indica* (Roxb.) Jessop]

❖ ❖ ❖

51. जलजमनी

- **वानस्पतिक नाम:** कोक्कुलुस हिर्सुटुस [*Cocculus hirsutus* (L.) W. Theob.]
- **कुल:** मेनिस्पेर्मेसिए (Menispemaceae)
- **अन्य नाम:** संस्कृत – छिलिहिण्ट, महामूल, पातालगरूड़
  हिन्दी – जलजमनी, पातालगरूड़ी, छिरेंटा, चिरहिंट
- **वितरण:** भारतवर्ष के प्राय: सभी प्रान्तों में हिमालय से दक्षिण तक पाई जाती है।
- **वर्णन:** यह छितरनेवाली, पतली, आरोही लता है जिसके पत्तों तथा तने पर सफेद, कोमल, रोम होते हैं। पत्ते विभिन्न आकार के होते हैं। नीचे के पत्ते प्राय: लट्वाकार, आयताकार एवं बड़े तथा ऊपर के क्रमश: छोटे और आयताकार होते हैं। फूल एकलिंगी, बहुत छोटे, हरे रंग के होते हैं। फल काले बैंगनी रंग के एवं चिकने होते हैं।
- **प्राप्ति स्थान:** वनों में यह वृक्षों व झाड़ियों पर तथा सड़कों के किनारे की झाड़ियों एवं बाड़ों पर फैली हुई पाई जाती है।
- **फूल तथा फल:** फूल नवम्बर से मार्च तक तथा फल अप्रैल में लगते हैं।
- **औषधीय उपयोग:** छिलिहिण्ट: परं वृष्य: कफघ्न: पवनापह:।

(भावप्रकाश)

(जलजमनी – अत्यंत वृष्य (वीर्यवर्धक), कफ तथा वायु को शमन करने वाली होती है।)

- इसकी जड़ का बकरी के दूध में तैयार किया हुआ काढ़ा पीपली, सोंठ आदि सुगंधित द्रव्यों के साथ जीर्ण आमवात, सन्धिशोथ तथा त्वचा के रोगों में देते हैं।
- पत्तों को पीसकर शोथ, चोट आदि पर बाँधने से लालिमा तथा पीड़ा कम होती है। सिर दर्द में भी बाँधते हैं।
- पत्तों के लसलसे रस को पानी में मिलाकर गर्मी का शमन करने के लिए देते हैं।
- जड़ रेचक तथा शामक होती हैं जो अजीर्ण, आमवात तथा बच्चों के पेटदर्द में उपयोग की जाती हैं।
- ताजी जड़ों का पिपली के साथ काढ़ा बनाकर बकरी के दूध के साथ सुबह रोजाना लेने से आमवात तथा जननांग सम्बन्धी दर्द में लाभ होता है।
- पत्तों के लसलसे रस में पानी व शक्कर मिलाकर सूजाक में देने से लाभ होता है।
- पत्तों का लसलसा द्रव्य दूध के साथ पीने से वीर्य स्खलन रूक जाता है।
- पीलिया होने पर 100 ग्राम पौधे का काढ़ा बनाकर 3-4 दिन तक देने से लाभ होता है। खाने में गन्ने का रस तथा चने के आटे का बना हुआ भोजन करना चाहिये।

जलजमनी [*Cocculus hirsutus* (L.) W. Theob.]

52. जामुन

- **वानस्पतिक नामः** सीजीजिउम कुमिनि [*Syzygium cumini* (L.) Skeels]
- **कुलः** मीरटेसिए (Myrtaceae)
- **अन्यनामः** संस्कृत – जम्बू, फलेन्द्रा, महाफला, राजजम्बू
  हिन्दी – जामुन, बड़ी जामुन
  अंग्रेजी – Jambul Tree (जाम्बुल ट्री), Black Plum (ब्लैक प्लम), Java Plum (जावा प्लम)
- **वितरणः** भारत वर्ष में सर्वत्र 4000 फीट की ऊँचाई तक पाई जाती है।
- **वर्णनः** यह सदाहरित तथा बड़ा वृक्ष होता है। पत्ते विपरीत, 3-6 इंच लम्बे, 2-3 इंच चौड़े, दीर्घवृत्ताकार या दीर्घवृत्ताकार – भालाकार या अण्डाकार-लट्वाकार, ग्रन्थिबिन्दुकित, लम्बाग्र या कुंठिताग्र, चिकने व चमकीले होते हैं। फूल हरापन लिये हुये सफेद, सुगंधित तथा त्रिधाविभक्त मंजरियों में आते हैं। फल आधे से डेढ़ इंच तक लम्बे, गोल, पकने पर बैंगनी युक्त काले रंग के हो जाते हैं।
- **प्राप्ति स्थानः** यह वनों तथा नदियों के किनारे पायी जाती है।
- **फूल तथा फलः** अप्रैल से जुलाई तक लगते हैं।
- **औषधीय उपयोगः** राजजम्कूलं स्वादु विष्टम्भि गुरूरोचनम् ।।

(भावप्रकाश)

(जामुन का फल – स्वादिष्ट, विष्टम्भक, गुरू तथा रोचक होता है।)

ग्राही कषायस्तनमज्जा विशेषान्मधुमेहहा ।

(निघण्टु रत्नाकर)

(जामुन के फल की मज्जा –कषाय रसयुक्त, ग्राही तथा विशेष रूप से मधुमेह रोग नाशक है।ऋ

- इसकी छाल कषाय तथा स्तम्भन होने के कारण इसके काढ़े का उपयोग गण्डूश तथा व्रण प्रक्षालन के लिये तथा अतिसार आदि में करते हैं।
- पत्तों का रस रक्तातिसार तथा अत्यार्त्तव में दिया जाता है।
- पत्तों को पीसकर लोह चूर्ण में मिलाकर रखने से एक उत्तम प्रकार का लोहक्षार तैयार होता है जिसे पाण्डु तथा स्त्रियों के पाण्डु सहित अतिसार में देते हैं।
- इसका सिरका तथा आसव दीपन पाचन होता है तथा उसे मधुमेह, अतिसार आदि में देते हैं।
- रक्तस्राव होने पर तथा घावों में इसकी छाल का चूर्ण लगाते हैं।
- दाह में फलों का सिरका तिल तैल में मिलाकर लगाते हैं।

- जामुन की गुठली का चूर्ण तथा छाल का काढ़ा दस्त तथा पेचिश में लाभकर है।
- कोमल पत्ते वमन (उल्टी) में प्रयुक्त किये जाते हैं।
- फल की गुठली का चूर्ण मधुमेह के लिए उत्तम औषधि है।
- सन्निपात ज्वर में जामुन का सिरका, तिल तैल में मिलाकर कपड़े में भिगो मस्तक पर रखते हैं और ललाट पर इसकी पट्टी देते हैं।
- छाल का ताजा रस बकरी के दूध के साथ बच्चों को दस्त में देते हैं। पत्तों का रस पेचिश में दिया जाता है।
- पत्तों की राख से मंजन करने से मसूड़े तथा दाँत मजबूत होते हैं।

जामुन [*Syzygium cumini* (L.) Skeels]

❖ ❖ ❖

53. ढ़ाक

- **वानस्पतिक नामः** बुटेआ मोनोस्पेर्मा [*Butea monosperma* (Lam.) Kuntze]
- **कुलः** फाबेसिए (Fabaceae)
- **अन्य नामः** संस्कृत – पलाश, किंशुक, रक्तपुष्पक, बृह्मवृक्ष

  हिन्दी – ढाक, पलाश, परास, टेसू

  अंग्रेजी – Flame of the forest (फ्लेम ऑफ दी फॉरेस्ट), Basterd Teak (बस्टर्ड टीक)
- **वितरणः** यह भारतवर्ष के समस्त प्रान्तो में तथा मुख्यतः मधय तथा पश्चिम भारत के पतझड़ी या मिश्रित वनों में अधिक पाया जाता है।
- **वर्णनः** यह छोटा या मध्यम ऊँचाई का पर्णपाती वृक्ष होता है जिसके पत्तों में तीन पत्रक होते हैं। पत्रक चौड़े, कर्कश, ऊपर से कुछ चिकने परंतु नीचे रोंएदार तथा उभरी हुई शिराओं से युक्त होते हैं। फूल बड़े, सुन्दर, नारंगी लाल रंग के होते हैं जो पत्रहीन शाखाओं पर एक साथ लगते हैं। दूर से देखने में ये तोते की चोंच के समान प्रतीत होते हैं, इसलिये पलाश को संस्कृत में 'किंशुक' (क्या यह तोता है?) कहा जाता है। फली चपटी तथा एक बीजयुक्त होती है।
- **प्राप्ति स्थानः** वनो में यह बहुतायत में पाया जाता है।
- **फूल तथा फलः** फूल फरवरी – मार्च तथा फल अप्रैल-मई तक लगते हैं।
- **औषधीय उपयोगः** पलाशो दीपनो वृष्यः सरोष्णो व्रणगुल्मजित्।

  भग्नसंधानकद् दोष ग्रहण्यर्शः क्रिमीन हरेत।

  कषायः कटुकस्तिक्तः स्निग्धो गुदजरोगजित।

  (भावप्रकाश)

(ढाक – कषाय, कटु तथा तिक्त रस युक्त, अग्निदीपक, वृष्य (वीर्यवर्धक), सारक, उष्ण, टूटी अस्थियों को जोड़ने वाला, स्निग्ध एवम् व्रण, गुल्म, वातादिक दोष, ग्रहणी, बवासीर, कृमि तथा गुदा से उत्पनन होने वाले रोगों को दूर करता हैं।)

- इसके ताजे बीज गोल कृमि के लिए सेन्टोनिन की तरह लाभप्रद होते हैं। छिलका निकालकर बीज देने से दस्त नही होता किन्तु छिलके के साथ देने से दस्त होता है।
- बीजों को नीबू के रस के साथ घिसकर दाद आदि चर्मरोगों में लगाते हैं।
- गोंद दस्त, पेचिश तथा भोजन के बाद गले में खट्टा पानी आता हो तब देते हैं।
- ताजे गोंद को फोड़ा तथा गले की सूजन में लगाते हैं।
- महिलाओं में प्रसव उपरान्त पीठ दर्द व कमजोरी होने पर इसके गोंद (कमरकस) को 2 ग्राम की मात्रा में सुबह-शाम घी में तलकर 15 दिन तक देने से आराम मिलता है।

- फूल, छाल तथा गोंद को समान मात्रा में मिलाकर पीसकर 6 ग्राम प्रति खुराक, दिन में दो बार बीमारी ठीक होने तक सूजाक में देते हैं।
- बीज को घिसकर लेप को बिच्छू काटने के स्थान पर लगाने से आराम मिलता है।

अन्य उपयोग:

पत्तों से पत्तल तथा दोना बनाये जाते हैं। मध्यप्रदेश तथा छत्तीसगढ़ के आदिवासी पत्तों से एक प्रकार का छाता 'खुमरी' बनाते हैं जो वर्षा से बचाती हैं। नये पौधे तथा जड़ की छाल के रेशा निकालते हैं जो रस्सी बनाने के काम आता है। पलास के फूलों से पीला रंग निकलता है जो कपड़े रंगने तथा होली खेलने के काम आता है। लकड़ी कुओं की चौखट बनाने तथा ईंधन की तरह उपयोग की जाती है। पलास वृक्ष पर लाख के कीडे पाले जाते हैं।

ढाक [*Butea monosperma* (Lam.) Kuntze]

54. ताल मखाना

- **वानस्पतिक नाम:** हीग्रोफिला अउरीकुलाटा [*Hygrophila auriculata* (Schumach.) Heine]
- **कुल:** अकांथेसिए (Acanthaceae)
- **अन्यनाम:** संस्कृत– कोकिलाक्ष, इक्षुर, क्षुरक
  हिन्दी – ताल मखाना
- **वितरण:** भारत वर्ष के सभी प्रान्तों में पाया जाता है।
- **वर्णन:** यह 1–2 फीट तक ऊँचा, सीधा, गाँठयुक्त, चतुष्कोंणीय, रोमश तथा काँटदार पौधा होता है। गाँठों के चारों ओर एक इंच लम्बे, पीले रंग के काँटे होते हैं, जो प्राय: 6–6 की संख्या में चक्राकार क्रम में लगे होते हैं। पत्ते वृंतहीन, गाँठों पर चक्राकार क्रम में 6 की संख्या में होते हैं, जिनमे बाहरी 2 पत्ते अधिक लम्बे, आयताकार–भालाकार या अभिभालाकार तथा भीतरी 4 पत्ते छोटे होते हैं। फूल बैंगनी रंग के द्विओष्ठीय होते हैं। फल पतला, रेखाकार–आयताकार व नुकीला होता है।
- **प्राप्ति स्थान:** यह तालाबों, नहरों, गड्ढों, धान के खेतों में पानी के निकट पाया जाता है।
- **फूल तथा फल:** अगस्त से दिसंबर तक आते हैं।
- **औषधीय उपयोग:** क्षुरक: शीतलो वृष्य: स्वाद्वम्ल: पिच्छिलस्तथा।
  तिक्तो वातामशोथाश्म तृष्णादृष्ट्य निलास्रजित्।।

(तालमखाना– शीत वीर्य, वृष्य, मधुर, अम्ल, तथा तिक्त रसयुक्त, पिच्छिल एवं वात, आम, शोथ, पथरी, तृष्णा, दृष्टिरोग और वात रक्त को दूर करने वाला होता है।)

- सूजन में इसकी राख गोमूत्र या जल के साथ देले से लाभ होता है।
- बाजीकरण के लिए किवाँच तथा इसके बीजों का चूर्ण शक्कर के साथ तत्काल निकाले हुए ताजे उष्ण दुध के साथ देते हैं।
- बस्तिशोथ में जड़ का काढ़ा देते हैं जिससे मूत्र की बृद्धि होती है तथा पीड़ा कम होती है। इसमें बीजों को भी दूध के साथ दिया जाता है।
- यकृतोदर में जड़ का काढ़ा या पंचांग की राख देते हैं।
- खाँसी में पत्ते उपयोगी होते हैं।
- जोड़ों के दर्द में पत्तों का लेप लगाते हैं।
- बीज का चूर्ण तथा त्रिला चूर्ण मिलाकर बच्चा जनने के बाद महिला को टोनिक के रूप में देते हैं।
- मूत्र संबंधी विकारों में जड़ तथा पत्तियो का काढ़ा देते हैं।

ताल मखाना [*Hygrophila auriculata* (Schumach.) Heine]

❖ ❖ ❖

55. तुलसी

- **वानस्पतिक नामः** ऑसिमुम टेनूइफ्लोरुम (*Ocimum tenuiflorum* L.) (syn. *O. sanctum* L.)
- **कुलः** लामिएसिए (Lamiaceae)
- **अन्यनामः** संस्कृत - तुलसी, सुरसा, ग्राम्या, बहुमंजरी, वृन्दा
  हिन्दी - तुलसी
  अंग्रेजी - Holy Basil (होली बेसिल), Sacred Basil (सैक्रेड बेसिल)
- **वितरणः** यह भारत वर्ष में सर्वत्र मिलती है। हिमालय में 6000 फीट की ऊँचाई तक पाई जाती है।
- **वर्णनः** यह 2-4 फीट ऊँची, बहुशाखित, सुगंधित, रोयेंदार, बहुवर्षीय झाड़ी होती है। पत्ते 1-2 इंच लम्बे, अण्डाकार, लटवाकार, अखण्ड या दंतुर तथा सुगंधित होते हैं। फूल छोटे, बैगनी रंग के, 6-8 इंच लम्बी मंजरियों में सघन चक्रों में आते हैं। बीज अण्डाकार या गोलाकार कुछ चपटे प्रायः चिकने भूरे होते हैं। जिसके पत्ते हरे सफेदी लिए होते हैं उसको सफेद तुलसी और जिसके पत्ते तथा तना कालापन युक्त हरे होते हैं उसको काली तुलसी कहते हैं।
- **प्राप्ति स्थानः** यह पूजा निमित्त हेतु घरों में लगाई जाती है तथा कही-कहीं यह स्वतः उत्पन्न होती है।
- **फूल तथा फलः** जनवरी से मार्च तक लगते हैं।
- **औषधीय उपयोगः** तुलसी कटुका तिक्ता, दृद्योष्णा दाहपित्तकृत्।
  दीपनी कुष्ठ कृच्छास्त्र पार्श्वरूक्कफ वातजित्।।
  (भावप्रकाश)

(तुलसी- कटु तथा तिक्त रस युक्त, हृदय को हितकर, उष्ण, दाह तथा पित्त कारक, अग्निदीपक एवं कुष्ठ, मूत्रकृच्छ, रक्तविकार, पसली की पीड़ा, कफ और वायु को दूर करने वाली होती है।)

- पत्तों को पानी में उबालकर काढ़े को सर्दी तथा पेट संबंधी गड़बड़ी में दिया जाता है।
- पत्तों का रस चर्मरोगों में दिया जाता है तथा ऊपर से लगाया भी जाता है।
- जड़ में कामोत्तेजक गुण होता है। जड़ के चूर्ण को घी में मिलाकर रोजाना देते हैं।
- बीजों का लेप बनाकर दूध के साथ बच्चों को पेट संबंधी गड़बड़ी में देते हैं।
- कामोत्तेजना लाने हेतु तुलसी, गोखरू, किवांच के बीज, काली मूसली की जड़ तथा अफीम का फल मिलाकर पीसकर खिलाया जाता है।
- उल्टी तथा हिचकी आने पर तुलसी के पत्तों को अच्छी तरह चबाकर निगलते हैं तो उल्टी तथा हिचकी बंद हो जाती है।

- जुकाम होने पर 15-20 मिली. पत्तों का रस, दिन में तीन बार देते हैं। पत्तों का रस शहद के साथ कानदर्द में डालते हैं।
- जुकाम में तुलसी के ताजे पत्ते तथा अदरक की चाय बनाकर पीने से आराम मिलता है।
- बुखार में तुलसी के पत्ते, अदरक तथा काली मिर्च को पीसकर लेप को रोगी को खिलाते हैं।
- मलेरिया में तुलसी के पत्ते, अदरक तथा काली मिर्च का काढ़ा नमक के साथ दिया जाता है।
- जड़ का काढ़ा भी मलेरिया में दिया जाता है।
- पत्तों के रस को दाद तथा अन्य चर्मरोगों में लगाने से लाभ होता है।
- पत्तों का रस कान में डालने से कान का दर्द ठीक हो जाता है।
- ताजी जड़ पीसकर लेप को मधुमक्खी, ततईया, जोंक तथा कीड़ों के काटने पर लगाते हैं।
- चर्म रोग तथा सिर के जुओं में तुलसी के पत्तों का सवरस लगाने से लाभ होता है।

तुलसी (*Ocimum tenuiflorum* L.)

56. थूहर

- **वानस्पतिक नाम:** एउफोर्बिआ नेरिईफोलिआ (*Euphorbia neriifolia* L.)
- **कुल:** एउफोर्बिएसिए (Euphorbiaceae)
- **अन्यनाम:** संस्कृत - स्नुही, सेहुण्ड, सुधा, समन्तदुग्धा,
  हिन्दी - थूहर, सेंहुड, सेंहुर
  अंग्रेजी - Common Milk Hedge (कॉमन मिल्क हेज), Common Duck Hedge (कॉमन डक हेज)
- **वितरण:** प्राय: सभी प्रान्तों में पायी जाती है तथा बागों में बाड़ के रूप में भी लगाई जाती है।
- **वर्णन:** यह 10-15 फीट तक ऊँचा, मासल वृक्ष होता है जिसका तना तथा शाखाएं काँटेदार, गोलाकार या अस्पष्ट पंच कोणीय होती हैं। काँटे छोटे, उपपत्रीय, अनुलम्ब या कुन्तली रेखाओं पर स्थित उभारों पर होते हैं। इसकी शाखाओं और पत्तों से दूध निकलता है। पत्ते, मांसल, अभिलट्वाकार- आयताकार, शाखाओं के अग्रभाग पर गुच्छों में लगे रहते हैं। सहपत्र चक्र पीला होता है। फूल छोटे-छोटे, हरापनयुक्त पीले तथा फल आधा इंच लम्बे, गहरे त्रिखण्डीय होते हैं।
- **प्राप्ति स्थान:** वनों की पथरीली जमीन में तथा गांवों में बाड़ के रूप में लगी हुई पाई जाती है।
- **फूल तथा फल:** दिसम्बर से मई तक आते हैं।
- **औषधीय उपयोग:** सेहुण्डो रेचनस्तीक्ष्णो दीपन: कटुको गुरू:।
  शूलामाष्टीलिकाआधमान क्र गुल्मोदरा निलान ।।
  उन्माद मोहकुष्ठार्श: शोथ मेदो अश्म पाण्डुता: ।
  व्रणशोथ ज्वरप्लीहविष दूषी विषं हरेत् ।।

(भावप्रकाश)

(थूहर - रेचक, तीक्ष्ण, अग्निदीपक, कटुरसयुक्त तथा गुरू होता है। यह शूल, आमदोष, अष्टीलिका, आधमान, कफ, उदररोग, वात, उन्माद (पागलपन), मूर्च्छा, कुष्ठ, बवासीर, शोथ, मेदरोग, पथरी, पाण्डुरोग, व्रणशोथ, ज्वर, प्लीहा, विष और दूषीविष को दूर करती है।)

- उदररोग रोग में इसका दूध देते हैं। काली मिर्च को इसके दूध में डुबोकर सुखाकर रखते हैं तथा आवश्यकता पड़ने पर 1-2 मिर्च के दाने खिलाते हैं। उदररोगी को कब्ज होने पर भोजन के पूर्व इसके पत्तों की भाजी खिलाते हैं।
- इसकी जड़ को मिर्च के साथ सूतिका ज्वर एवं सर्पविष में देते हैं।

- मस्सों में इसका दूध लगाने से वे गिर पड़ते हैं। जीर्ण आमवात में संधिपीड़ा होने पर इसका स्वरस निंबौली के तैल में मिलाकर मलते हैं।
- इसके तने को भूनकर उसका स्वरस निकाल कर शहद तथा अडूसा के साथ कफ विकारों में देते हैं।
- कानदर्द में स्वरस की 2–5 बूँदे डालने से आराम मिलता है।
- दमा से पत्तों का स्वरस या तने का रस शहद के साथ देते हैं।
- घाव धोने या फोड़े पर इसके दूध को घी के साथ मिलाकर लगाया जाता है।
- दाँत दर्द में रूई के फाहे को इसके दूध में भिगोकर रखते हैं।
- पत्तों को गरम करके शोथ वेदना युक्त स्थानों पर बाँधते हैं।
- इसके दूध को धुआँ की राख में मिलाकर आँख की सूजन में लगाते हैं।

❖ ❖ ❖

57. दंती

- **वानस्पतिक नाम:** बालिओस्पेर्मुम सोलानिफोलिउम [*Baliospermum solanifolium* (Burm.) Suresh]
- **कुल:** एउफोर्बिएसिए (Euphorbiaceae)
- **अन्यनाम:** संस्कृत – उदुबरपर्णी, विशल्या, एरण्डफला
  हिन्दी – दंती, छोटी दंती, ताम्बा, जंगली जमाल गोटा
- **वितरण:** प्राय: सब प्रान्तों में पाई जाती है विशेषकर कश्मीर से केरल तक तथा आसाम, मेघालय तक वनों में पाई जाती है। नम स्थानों पर वृक्षों की छायादार जगहों में मिलती है।
- **वर्णन:** यह झाड़ीनुमा, दृड़ तथा बहुशाखित पौधा है जिसकी शाखायें प्राय: जड़ से ही निकलती हैं। पत्ते अंजीर और गूलर के आकार के होते हैं तथा लम्बाई एवं चौड़ाई में इनका आकार भिन्न-भिन्न होता है। नीचे वाले पत्ते 6-12 इंच लम्बे, अंजीर के पत्तों के समान कटे किनारे वाले 3-5 भागों में विभक्त तथा किंचित नुकीले होते हैं। और ऊपर वाले पत्ते गूलर के पत्तों के आकार वाले 2-3 इंच लम्बे और भालाकार होते हैं। फूल हरे से रंग के होते हैं। फल किंचित रोंयेदार तथा 3 खण्ड वाला होता है। बीज भूरे तथा एरण्ड बीज से छोटे-छोटे होते हैं।
- **प्राप्ति स्थान:** वनों में पाई जाती है परंतु बहुत कम मिलती है।
- **फूल व फल:** दिसम्बर से मई तक आते हैं।
- **औषधीय उपयोग:** गुदाकराश्मशूलास्त्र कण्डू कुष्ठविदाहनुत्।
  तीष्णोष्णं हन्ति पितास्त्रकफ शाथोदर क्रिमीन्।।

(भावप्रकाश)

(दन्ती – स्वाद तथा विपाक में कटु रस युक्त, शारक, अग्नि दीपक, तीक्ष्ण, उष्णवीर्य एवं अर्श के मस्से, पथरी, शूल, रक्त विकार, खुजली (कण्डू) दाह, पित्त रक्त, क, शोथ, उदर रोग और कृमि को नष्ट करने वाली होती है।)

- बुखार में मठ्ठा के साथ इसकी जड़ पीसकर देने से यकृत की किया ठीक होकर शौच के द्वारा दूषित पित्त निकल जाता है।
- इसके बीज एवं तैल जमाल गोटे की तरह तीव्र रेचक होते हैं। बीज तैल को आमवात में लगाने से आराम मिलता है।
- जड़ को पीसकर पेचिश तथा उल्टी में दिया जाता है। बीजों को कब्ज तथा वायु विकार में देते हैं।
- पत्तों का काढ़ा दमा में बहुत लाभदायक होता है।
- पत्तों को पीसकर घाव पर लगाते हैं।

- सर्प विष में इसके बीजों का अंजन नेत्र में करते हैं।
- ज्वर में मट्ठा के साथ इसकी जड़ देने से यकृत की क्रिया ठीक होकर शौच के द्वारा पित्त निकल जाता है।

दंती [*Baliospermum solanifolium* (Burm.) Suresh]

58. दूधी

- **वानस्पतिक नाम:** एउफोर्बिआ हिर्टा (*Euphorbia hirta* L.)
- **कुल:** एऊोर्बिएसिए (Euphorbiaceae)
- **अन्यनाम:** संस्कृत - दुग्धिका, स्वादुपर्णी, क्षीरा, विक्षीरिणी
  हिन्दी - दूधी, दुधिया, दुद्धी
- **वितरण:** भारत वर्ष के समस्त मैदानी तथा उष्णभागों में पायी जाती है।
- **वर्णन:** यह सीधी या आरोही, एकवर्षीय रोंयेदार पौधा है जिसके तने में सफेद दूध होता है। पत्ते अभिमुख, अण्डाकार-आयताकार या आयताकार-भालाकार होते हैं जिनके किनारे दंतुर होते हैं। फूल छोटे, पत्तों के कक्ष में लगे, छोटे सवृंत गुच्छों में आते हैं। फल रोंयेदार होता है जिसमें लाल भूरे रंग के बीज होते हैं।
- **प्राप्ति स्थान:** यह खेत की मेड़ों, सड़कों के किनारे तथा बेकार भूमि में पायी जाती है।
- **फूल तथा फल:** फूल तथा फल वर्षभर लगते हैं।
- **औषधीय उपयोग:** दुग्धिकोष्णा गुरू रूक्षा बातला गर्भकारिणी ।।
  स्वादुक्षीरा कटुस्तिक्ता सृष्टमूत्रा मलापहा ।।
  स्वादुविष्टम्भिनी वृष्या कफकुष्ठ क्रिमिप्रणुत।।

(भावप्रकाश)

(दूधी - कटु तथा तिक्तरस युक्त, उष्णवीर्य, गुरू, रूक्ष, वातकारक, गर्भकारक, स्वादिष्ट, दूधयुक्त, मूत्र का प्रवर्तन तथा मल का निवारण करने वाली, स्वादिष्ट, विष्टम्भजनक, वीर्यवर्धक एवं कफ और कृमि को नष्ट करने वाली होती है।)

- जीर्ण कफ विकारों तथा दमा में इसका काढ़ा देने से लाभ होता है।
- इसका स्वरस रक्तयुक्त आंव में दिया जाता है।
- बच्चों के पेट में कीड़े होने पर तथा पेट के विकार में इसे देते हैं।
- वमन रोकने के लिये इसकी जड़ का उपयोग करते हैं।
- मस्सों तथा दाद पर इसका दूध लगाने से वे गिर जाते हैं।
- इसके स्वरस के सेवन से स्त्रियों के स्तन में दूध की मात्रा बढ़ती है।
- यह सूजाक तथा जननेन्द्रियों के अन्य रोगों में भी लाभप्रद है।
- पौधे को पानी में पीसकर आधा कप रस को दिन में तीन बार, तीन दिन देने से खूनी पेचिश ठीक हो जाती है।
- दूध को बिच्छू काटने के स्थान पर लगाने से आराम मिलता है। इसको आँखों में लगाने से आँख के विकार ठीक हो जाते हैं।

दूधी (*Euphorbia hirta* L.)

59. दूधी बेल

- **वानस्पतिक नाम:** क्रीप्टोलेपिस बुकानानिई [*Cryptolepis buchananii* R.Br. ex Roem. & Schult.]
- **कुल:** अपोसीनेसिए (Apocynaceae)
- **अन्यनाम:** संस्कृत – कृष्णसारिवा, जम्बुपत्रासारिवा, कलघण्टिका, श्यामा
  हिन्दी – दूधी बेल, करंटा, मेढ़ासिंगी, काली अनंतमूल, नागबेल
- **वितरण:** भारतवर्ष के सभी प्रान्तों के वनो में पाई जाती है।
- **वर्णन:** यह काष्ठीय तथा विस्तृत फैलने वाली आरोही लता होती है जिससे अत्यधिक दूध निकलता है। इसकी जड़ में कोई गंध नही होती है। पत्ते विपरीत, चिकने, आयताकार, अण्डाकार तथा जामुन के पत्तों के समान होते हैं। पत्तों की शिरायें किनारे से पहले ही परस्पर मिली हुई रहती हैं। फूल हल्के पीले रंग के होते हैं जो पत्तों के कक्ष से निकले हैं। फल भालाकार, कड़े, सीधे तथा दो-दो एक साथ लगते हैं।
- **प्राप्ति स्थान:** वनों में यह वृक्षों व झाड़ियों पर चढ़ी हुई पाई जाती है।
- **फूल तथा फल:** मई से फरवरी तक लगते हैं।
- **औषधीय उपयोग:** सारिवायुगलं स्वादु स्निग्धं शुक्रकरं गुरू।
  अग्निमान्द्या रूचि श्वासकासाम विषनाशनम्।
  दोषत्रयास्त्रप्रदरज्वरातीसार नाशनम्।

(भावप्रकाश)

(दोनों सारिवा- कृष्ण सारिवा (दूधीबेल) तथा श्वेत सारिवा (अनंतमूल)-स्वादिष्ट, स्निग्ध, शुक्र को उत्पन्न करने वाली, गुरू एवं अग्निमंदता, अरूचि श्वास, खाँसी, आम, विष, त्रिदोष, रक्तप्रदर, ज्वर और अतिसार को नष्ट करती है।)

- 50 ग्राम जड़ पीसकर उसमें 10-15 काली मिर्च का चूर्ण मिलाकर दिन में तीन बार सात दिन तक देने से मलेरिया ठीक हो जाता है।
- जड़ का लेप सूजन पर लगाने से लाभ होता है।
- जड़ का रस पेट दर्द में देने से पेट दर्द ठीक होता है।
- इसके दूध को बिमाई फटने पर लगाने से बिमाई फटना बंद हो जाता है।
- जड़ का काढ़ा देने से अंदरुनी बुखार ठीक हो जाता है।
- बच्चों के सूखा रोग में जड़ का काढ़ा पिलाने से लाभ होता है।
- जड़ का लेप जोड़ों के दर्द में लगाने से दर्द में आराम मिलता है।

नोट: सारिवा के दो भेद है एक 'श्वेत सरिवा' जिसे अनंतमूल, कपूरी [*Hemidesmus indicus* (L.) Schult] कहते है तथा दूसरी 'कृष्ण सरिवा' जिसके स्थान पर दो पौधों एक दूधीबेल, काली

अनंतमूल [*Cryptolepis dubia* (Burm. *f.*) M. R. Almeida] तथा दूसरी 'दूधलता' (*Ichnocarpus frutescens* R.Br.) दोनों का उपयोग होता है।

दूधी बेल [*Cryptolepis buchananii* R.Br. ex Roem. & Schult.]

60. देवदाली

- **वानस्पतिक नामः** लुफ्फा एकिनाटा (*Luffa echinata* Roxb.)
- **कुलः** कुकुरबिटेसिए (Cucurbitaceae)
- **अन्यनामः** संस्कृत – देवदाली, जीमूत, गरागरी, देवताड़क,
  हिन्दी – घघरबेल, बंदाल, घुसरान
- **वितरणः** यह विशेषतः गुजरात, बिहार, उत्तर प्रदेश, मध्य प्रदेश एवं बंगाल में पाई जाती है।
- **वर्णनः** इसकी आरोही लता होती है। तना पतला, रोमश तथा पंचकोंणीय होता है। तंतु द्विशाख्ति होते हैं। पत्ते गोलाकार, वृक्काकार, दंतुर, रोमश, 3–5 खण्डयुक्त होते हैं। फूल सफेद रंग के होते हैं। नर पुष्पदण्ड प्रायः जोड़े में, जिसमें एक में एक पुष्प तथा दूसरे में 2–8 इंच लम्बी मंजरी में 5–12 पुष्प आते हैं। मादा पुष्प एकल, जो 3–8 इंच लम्बी, सघन रोमश, कंटकीय पुष्पदण्ड पर लगता है। फल अण्डाकार होता है जो सघन कंटकीय रोमों से आच्छादित होता है।
- **प्राप्ति स्थानः** गाँवों के आस-पास के घूरों पर, सड़कों के किनारे तथा परती भूमि में उगती है।
- **फूल तथा फलः** अगस्त से नवंबर तक आते हैं।
- **औषधीय उपयोगः** देवदाली रसे तिक्ता कफार्शः शोफ पाण्डुताः।
  नाशयेद्वामनी तीक्ष्णा क्षयहिक्का कृमिज्वरान्।।
  (भाव प्रकाश)

(देवदाली– तिक्त रस युक्त, वमन कराने वाली, तीक्ष्ण एवं क, बवासीर, शोथ, पाण्डुरोग, क्षय, हिचकी, कृमि तथा ज्वर को नष्ट करने वाली होती है।)

- इसके फल का फांट (10 –20 बँद) यकृत-प्लीहाबृद्धि तथा इससे उत्पन्न जलोदर में लाभदायक होता है।
- फल के काढ़े से घाव व दूषित घाव को धुलते हैं।
- पीलिया में इसके फल को मट्ठा के साथ खिलाते हैं तथा इसके पंचांग के काढ़े से रोगी को नहलाते हैं।
- फल को कूटकर रात को पानी में भिगो दें। सुबह फल को मसलकर पानी को कपड़े से छान कर 5–10 बूंद नाक में डालें। इससे दिन भर नाक से पानी बहता है तथा कज शिरोरोग एवं पीलिया में लाभ होता है।
- तना एवं पत्तियों का काढ़ा बनाकर बुखार में पिलाते हैं।
- जोड़ों के दर्द में भी पत्तियों का काढ़ा पिलाते हैं।

- जड़ को पीसकर लेप को सरसों के तैल में पकाकर तैल को कुष्ठ में लगाते हैं।
- फल को पीसकर टिकिया बनाकर बवासीर के अंकुरों पर लगाने से वे सूख जाते हैं।
- कष्टार्त्तव एवं कष्टप्रसव में फल का काढ़ा उपयोगी हाता है।
- चूहे के काटने पर दही के साथ फल का काढ़ा देने से लाभ होता है।

देवदाली (*Luffa echinata* Roxb.)

❖ ❖ ❖

61. धवई

- **वानस्पतिक नामः** वूडफोर्डिआ फ्रुटिकोसा [*Woodfordia fruticosa* (L.) Kurz]
- **कुलः** लीथ्रेसिए (Lythraceae)
- **अन्यनामः** संस्कृत – धातकी, धातुपुष्पी, वह्निज्वाला

  हिन्दी – धवई, धाई, धाय

  अंग्रेजी – Fire Flame Bush (फायर फ्लेम बुश), The Red Bell Bush (दी रैड वेल बुश)
- **वितरणः** समस्त भारतवर्ष में 5000 फीट की ऊँचाई तक पायी जाती है।
- **वर्णनः** यह शाखायुक्त, फैली हुई, पर्णपाती झाड़ी है जिसकी नवीन शाखाओं तथा पत्तों पर काले-काले बिन्दु होते हैं। पत्ते अभिमुख, 2-4 इंच लम्बे, प्रायः वृंतहीन, भालाकार, लम्बाग्र, निचली सतह पर सूक्ष्म रोमश तथा दागयुक्त होते हैं। फूल चमकीले लाल रंग के, नलिकाकार, शाखाओं के सम्पूर्ण तने से छोटे-छोटे गुच्छों में निकले रहते हैं। फल अण्डाकार पतला होता है जिसमें भूरे रंग के छोटे, चिकने, अभिलटवाकार बीज होते हैं।
- **प्राप्ति स्थानः** यह वनों, बीहड़ों तथा सड़कों के किनारे सर्वत्र पाई जाती है।
- **फूल तथा फलः** फरवरी से मई तक आते हैं।
- **औषधीय उपयोगः** धातकी, कटुका, शीता मृदुकृत्तुवरा लघुः ।

  तृष्णा अतिसार, पित्तास्त्र विषक्रिमि विसर्पजित् ।।

  (भावप्रकाश)

(धवई – कटु तथा कषाय रस युक्त, शीतवीर्य, मृदुकारक एवं लघु है और यह प्यास, अतिसार, रक्तपित्त, विष, कृमि और विसर्प को दूर करती है।)

- दस्त तथा पेचिश आदि में मट्ठा या शहद के साथ इसके फूलों का चूर्ण दिया जाता है।
- शहद के साथ फूलों का चूर्ण या लेप, रक्त प्रदर, श्वेत प्रदर एवं बवासीर आदि में लाभदायक है।
- श्वेत प्रदर में 10 ग्राम फूल चावल के धोवन के साथ देने से लाभ होता है।
- जलने पर फूलों का चूर्ण तिल तैल में मिलाकर लगाते हैं।
- पित्तज्वर में रोगी के मुँह में तिल तैल देकर सिर पर इसके पत्तों को पीसकर लगाते हैं, इससे मुँह का तैल पीला हो जाता है तब उसे फेंक देते हैं और दूसरा तैल ले लेते हैं। इस प्रकार दो तीन बार करने से पित्त निकल जाता है और फिर तैल पीले रंग का नहीं होता। इससे ज्वर शांत हो जाता है।

- पत्तों तथा टहनियों का काढ़ा फोड़ा तथा शरीर की सूजन में पिलाया जाता है।
- जड़ के चूर्ण को खाँसी में देने से ठीक हो जाती है।

धवई [*Woodfordia fruticosa* (L.) Kurz]

❖ ❖ ❖

62. नाही

- **वानस्पतिक नामः** एनिकोस्टेमा आक्सिल्लारे [*Enicostema axillare* (Poir. ex Lam.) A. Raynal]
- **कुलः** जेंटिआनेसिए (Gentianaceae)
- **अन्यनामः** संस्कृत – नागजिव्हा, मामज्जक, तीक्ष्ण पत्रा
  हिन्दी – नाही, छोटा चिरायता
- **वितरणः** समस्त भारत वर्ष में 1500 फीट की ऊँचाई तक विशेषतः समुद्र तटवर्ती क्षेत्रों में पायी जाती है।
- **वर्णनः** यह चिकना, शाखायुक्त, एकवर्षीय पौधा है जिसका तना सीधा, चतुष्कोणीय तथा पर्व अन्तराल छोटे होते हैं। पत्ते विपरीत, अवृंत, दीर्घवृत्ताकार- भालाकार, 2 इंच लम्बे तथा आधा इंच चौडे होते हैं। फूल सफेद, छोटे, अक्ष में चक्राकार गुच्छों में लगते हैं। फल गोल तथा बीज सूक्ष्म होते हैं।
- **प्राप्ति स्थानः** यह वनों, बेहड़ों तथा खेत की मेड़ों पर पायी जाती है।
- **फूल तथा फलः** जून से दिसम्बर तक आते हैं।
- **औषधीय उपयोगः** नाही तु कथितातिक्ता लधवी पिक्तकफापहा।
  मधुमेहे तथा कुष्ठे शस्यते विषमज्वरे।।
  (द्रव्यगुण विज्ञान)

(नाही–तिक्तरस, लघुगुण तथा पित्तकफ शामक है यह मधुमेह, कुष्ठ व विषमज्वर रोग नाशक है।)

- पौधे को सुखाकर चूर्ण बनाकर शहद के साथ रक्त शोधन के रूप में तथा जलोदर, गठियावात, पेट का फोड़ा तथा सूजन में देते हैं।
- पौधे को पीसकर मधुमेह में पिलाते हैं।
- पौधे को पीसकर लेप को सर्प काटने पर लगाते हैं।
- बुखार में पौधे के काढ़े को दिन में तीन बार देने से ठीक हो जाता है।
- मलेरिया के उपचार हेतु इसके 25 ग्राम समूचे पौधे को 3–4 काली मिर्च तथा 5 ग्राम काला नमक के साथ पीसकर गोली बनाकर या चूर्ण के रूप में 6 ग्राम प्रति खुराक दिन में तीन बार तीन दिन तक देते हैं।
- पौधे का चूर्ण रक्त साफ करने के लिए उपयुक्त होता है।

नाही [*Enicostema axillare* (Poir. ex Lam.) A. Raynal]

❖ ❖ ❖

63. निर्गुण्डी

- **वानस्पतिक नामः** विटेक्स नेगुंडो (*Vitex negundo* L.)
- **कुलः** लामिएसिए (Lamiaceae)
- **अन्यनामः** संस्कृत - सिन्दुवार, सिन्दुक, सिन्दुवारक
  हिन्दी - निर्गुण्डी, सम्हालू, सन्दुआर, मेढ़की, मेउडी
  अंग्रेजी - Indian Privet (इन्डियन प्रिवेट), Five Leaved Chaste Tree (फाइव लीण्ड चेस्ट ट्री)
- **वितरणः** भारत वर्ष के सभी प्रदेशों में पाई जाती है।
- **वर्णनः** प्रायः यह बहुशाखित, सुगंधित, झाड़ी होती है जिसका तना सफेद रोमों से आवृत रहता है। पत्ते अरहर के समान 3-5 पत्रकों से युक्त होते हैं। पत्रक भालाकार, लम्बाग्र, अखण्डित या गोलदन्तुर, 2-6 इंच लम्बे तथा आधे से डेढ इंच चौड़े होते हैं जो एक वृंत पर 3-5 लगे रहते हैं। ये ऊपर से हरे तथा नीचे सफेद होते हैं। फूल छोटे, सफेद गुच्छेदार तथा 2-8 इंच लम्बी मंजरियों में निकलते हैं। फल छोटे, गोल तथा पकने पर काले रंग के हो जाते हैं।
- **प्राप्ति स्थानः** यह जंगल, नदी-नालों के किनारे, गांवों के आसपास की परती जमीन में तथा सड़कों के किनारे पाई जाती है।
- **फूल तथा फलः** जुलाई से दिसम्बर तक तथा फल जनवरी से फरवरी तक आते हैं।
- **औषधीय उपयोगः** सिन्दुकः स्मृतिदस्तिक्तः कषायः कटुको लघुः।
  केश्यो नेत्रहितो हन्ति शूल शोथाममारूतान्।
  कृमि कुष्ठारूचिश्लेष्म ज्वरान्नीलापि तद्विधा।।

(भावप्रकाश)

(मेढ़की (सफेद फूल वाली)-स्मरणशक्ति वर्धक, तिक्त, कषाय और कटुरसयुक्त, लघु, केश (बालों) तथा नेत्र के लिये हितकारी होती है एवं यह शूल, शोथ, आमवात, कृमि, कुष्ठ, अरूचि और कफ, ज्वर को नष्ट करती है।

- सर्दी तथा जुकाम में तथा गले के शोथ (सूजन) में इसके सूखे पत्तों का धूम्रपान कराया जाता है तथा पत्तों का काढ़ा छोटी पीपल एंव घोड़ा बच के साथ पिलाते हैं।
- आमवात में मेढ़की, तुलसी तथा भाँगरा का रस, अजवाइन के चूर्ण के साथ देते हैं तथा पत्तों से सेंकते हैं।
- पैर की जलन में पत्तों को बाँधते हैं।
- सिरदर्द में पत्तों को पीसकर सिर पर बाँधते हैं। सोते समय सिर के नीचे पत्तों की तकिया भी रखते हैं।

- कीड़े आदि से रक्षा करने के लिए चावल, कपड़े तथा पुस्तकों में इसके पत्ते रखते हैं।
- शीतज्वर, विषमज्वर एंव सूतिकाज्वर में इसके पत्तों का चूर्ण, पंचाग स्वरस, फांट या काढ़े को देते हैं तथा इसके काढ़े से शरीर पौंछते हैं। इससे शरीर का दाह एवं दुर्गंध कम होती है।
- पत्तों के रस को आँख आने पर आँख में डालते हैं।
- तने की छाल का काढ़ा दमा में दिया जाता है।
- पत्तों का आधा तौला रस घी तथा काली मिर्च के साथ आंव में देने से लाभ होता है।
- तिल्ली वृद्धि में 2 तौला पत्तों का रस, 2 तौला गोमूत्र के साथ रोजाना सुबह देते हैं।
- पत्तों के काढ़े से प्रसव उपरांत महिलाओं को नहलाया जाता है।
- सिरदर्द में सूखे पत्तों का धूम्रपान करने से आराम मिलता है।
- इसके पत्तों को पीसकर हाँड़ी में गरम कर दिन में तीन-चार बार फुफ्फुस शोथ, फुफ्फुसावरण शोथ, उदरावरण शोथ, संधिशोथ, तीव्र आमवातिक संधिशोथ एवं अण्डशोथ में बाँधते हैं। इसके साथ करंज, नीम तथा धतूरे के पत्तों का भी उपयोग करने से अधिक लाभ होता है।

निर्गुण्डी (*Vitex negundo* L.)

❖ ❖ ❖

64. निशोथ

- **वानस्पतिक नाम:** ओपेर्कुलिना टुर्पेथुम [*Operculina turpethum* (L.) Silva Manso]
- **कुल:** कोनवोलवुलेसिए (Convolvulaceae)
- **अन्यनाम:** संस्कृत - त्रिवृत, त्रिभण्डी, त्रिपुटा, सरला
  हिन्दी - निशोथ, निसोत, पितोहरी
  अंग्रेजी - Turpeth (टर्पेथ), Indian Jalap (इण्डियन जलाप)
- **वितरण:** भारतवर्ष के प्राय: सभी प्रान्तों में 300 फीट की ऊँचाई तक पायी जाती है।
- **वर्णन:** यह बहुवर्षीय, लम्बी, विस्तार से फैलने वाली आरोही लता होती है जिसका तना तीन धार वाला तथा ऐंठा हुआ होता है। पत्ते नीचे के लट्वाकार, हृदयाकार, नुकीले तथा ऊपर के पत्ते प्राय: आयताकार कुंठित व रोमश होते हैं। फूल फनल के आकार के सफेद होते हैं। फल गोल होते हैं जिनके अन्दर काले, चिकने बीज होते हैं।
- **प्राप्ति स्थान:** यह वनों में तथा सड़कों के किनारे भी पाई जाती है।
- **फूल तथा फल:** अक्टूबर से दिसम्बर तथा मार्च से अप्रैल तक आते हैं।
- **औषधीय उपयोग:** श्वेता त्रिवृद्रेचनी स्यात्स्वादु रूष्णा समीरहृत्।
  रूक्षा पित्तज्वरश्लेष्म पित्तशोथो दरापरा ॥

(भावप्रकाश)

(निशोथ - रेचक, स्वादु, उष्णवीर्य, रूक्ष, वातनाशक एवं पित्तज्वर, कफ, पित्त, शोथ और उदररोग को दूर करने वाली होती है।)

- सुख विरेचनों में यह श्रेष्ठ मानी गयी है। यह जालापा के समान कार्य करती है। इससे पेट में मरोड़ होकर पीले रंग के पतले दस्त आते हैं। पेट में मरोड़ न हो इसलिये इसके साथ सौंठ जैसे सुगंधित पदार्थ तथा सैंधव का उपयोग किया जाता है।
- बवासीर में इसकी जड़ का सेवन त्रिफला क्वाथ के साथ करते हैं।
- ज्वर में इसकी जड़ का चूर्ण शहद के साथ देते हैं।
- यह बहुत दस्तावर होती है जिसे पानी, नमक, अदरक या कालीमिर्च, बहेड़ा, हर्रा तथा आँवला के साथ उपयोग किया जाता है।
- आमवात तथा लकवा में निशोथ क्रिला के साथ मिलाकर दिया जाता है तथा कामला में इसे गोखरू के साथ देते हैं।
- पत्ती का रस त्वचा में खुजली होने पर लगाने से खुजली ठीक हो जाती है।
- पत्ती का लेप दाद पर लगाने से दाद में लाभ होता है।

निशोथ [*Operculina turpethum* (L.) Silva Manso]

❖ ❖ ❖

65. नीम

- **वानस्पतिक नाम:** अजाडिराक्टा इंडिका (*Azadirachta indica* A. Juss.)
- **कुल:** मेलिएसिए (Meliaceae)
- **अन्यनाम:** संस्कृत - निम्ब, तिक्तक, परिभद्र, अरिष्ट
  हिन्दी - नीम
  अंग्रेजी - Neem tree (नीम ट्री), डंतहवें (मार्गोसा), Indian Lilak (इंडियन लिलाक)
- **वितरण:** नीम के वृक्ष देश के सभी प्रान्तों में पाये जाते हैं।
- **वर्णन:** यह 40-50 फीट ऊँचा, बहुशाखित, सघन और छायाकार वृक्ष होता है। छोटी-छोटी टहनियों के अंत में असमपक्षवत् पत्ते लगे होते हैं। पत्रक 8-19, टेढ़े, भालाकार, नुकीले तथा दंतुर होते हैं। फूल छोटे, सफेद रंग के सुगंधित व गुच्छो में लगते हैं। फल लम्बाई लिए हुए गोल होते हैं जिनमें एक बीज होता है जिन्हें ''निम्बोली'' कहते हैं।
- **प्राप्ति स्थान:** यह घरों तथा गांवों के आस पास पाया जाता है।
- **फूल तथा फल:** फूल मार्च से मई तक तथा फल जून से जुलाई तक आते हैं।
- **औषधीय उपयोग:** निम्बः शीतो लघुर्ग्राही कटुस्तित्तोअग्निवातकृत्।
  अहृद्यः श्रमतृट ज्वरारूचि कृमि प्रणुत्।
  वृण पित्तकच्छर्दि कुष्ठहृल्ला समेहनुत्।।

(भावप्रकाश)

(नीम- शीतवीर्य, लघु, ग्राही, पाक में कटु रस युक्त, जठराग्नि को मंद करने वाला, हृदय को अहितकर तथा वात श्रम, तृषा, खाँसी, ज्वर, अरूचि, कृमि, व्रण, पित्त, कफ, वमन, कुष्ठ, हृल्लास तथा प्रमेह इन सबों का नाशक होता है।)

- चर्म रोगों में इसके पत्तों के काढ़े से स्नान कराया जाता है एवं इसके पत्तों को पीसकर घाव, चोट, सूजन पर बाँधते हैं।
- इसके पत्तों को पीसकर आँवला या हर्रा के साथ खाने से कुष्ठ में लाभ होता है।
- कामला (पीलिया) में इसके पत्तों का रस शहद के साथ सुबह रोजाना पिलाने से ठीक हो जाता है।
- प्रसूता को प्रथम दिन से ही पत्तों का रस देने से हर प्रकार से लाभ होता है। इससे गर्भाशय का संकोच होकर स्राव की शुद्धि होती है एवं दर्द कम होता है। भूख लगना, पखाना साफ होना, ज्वर न आना या कम आना एवं बच्चे का स्वास्थ्य अच्छा रहना ये सब लाभ इसके देने से होते हैं।
- नीम का तैल कम से कम सप्ताह में एक बार सिर में लगाने से सिर के जुँए खत्म हो जाते हैं।

- कोमल पत्तों को पीसकर रस को पीने से खून सफ़ होता है तथा मधुमेह में लाभ होता है।
- नीम के पत्तों को छोटी माता (Small pox) से पीड़ित रोगी के विस्तर पर बिछाने से तथा पत्तों के काढ़े से स्नान कराने से रोग ठीक हो जाता है।
- पत्तों का लेप फोड़े पर लगाया जाता है।
- छाल का काढ़ा पिपली (Piper longum) के साथ जोड़ों के दर्द में दिया जाता है।
- नीम की छाल तथा बबूल (*Vachellia nilotica* ssp. *indica*) की छाल का काढ़ा श्वेत प्रदर में बहुत प्रभावी होता है।
- सूखे पत्तों का चूर्ण बच्चों की गुदा पर लगाने से चुनचुने (पेट के कीड़े) मर जाते हैं। फूल भी बदहजमी तथा दुर्बलता में लाभदायक होते हैं।
- सूखे पत्तों को कपड़ों, अनाजों तथा किताबों में रखने से कीड़े नही लगते हैं। पत्तों का उपयोग बिच्छू काटने पर किया जाता है।
- सूखी छाल को घिसकर फोड़ा पर लगाने से ठीक होजाता है।
- पत्तियों की 21 चांटी पीसकर मिश्री के साथ खिलाने से बुखार ठीक हो जाता है।

नीम (*Azadirachta indica* A. Juss.)

66. नीली शंखपुष्पी

- **वानस्पतिक नामः** एवोलवुलुस अल्सिनोइडेस [*Evolvulus alsinoides* (L.) L.]
- **कुलः** कोनवोलवुलेसिए (Convolvulaceae)
- **अन्य नामः** संस्कृत - शंखपुष्पी, मांगल्य कुसुमा, विष्णुकान्ता
  हिन्दी - नीली शंखपुष्पी, शंखपुष्पी, संखावली
- **वितरणः** भारतवर्ष के सभी प्रान्तों में तथा हिमालय पर 6000 फीट की ऊँचाई तक पाई जाती है।
- **वर्णनः** यह शाखायुक्त, रोंयेदार, एकवर्षीय पौधा है जिसकी शाखायें जमीन पर फैली रहती हैं। पत्ते रेखाकार से लेकर अण्डाकार तथा मखमल के समान मुलायम रोंयेदार होते हैं। फूल गहरे नीले रंग के होते हैं जो दो या तीन की संख्या में पतले पुष्प दण्डों के अग्रभाग पर लगते हैं। बाह्य दल रोंयेदार व प्रासवत होते हैं। फल में 2-4 फाँक होते हैं।
- **फूल तथा फलः** प्रायः जुलाई से दिसम्बर तक लगते हैं।
- **औषधीय उपयोगः** शंखपुष्पी सरा मेध्या वृष्या मानसरोगहृत्।
  रसायनी कषायोष्णा स्मृतिकान्ति बलाग्निदा।
  दोषापस्मारभूताश्री कुष्ठकृमि विषप्रणुत्।

(भाव प्रकाश)

(शंखपुष्पी - कषाय रसयुक्त, उष्णवीर्य, सारक, मेधा के लिए हितकर, वृष्य, मानसरोग को दूर करने वाली, रसायन, स्मृतिशक्ति, कान्ति, बल, जठराग्नि इन सबों को बढ़ाने वाली एवं दोष, अपस्मार, भूत बाधा, दरिद्रता, कुष्ठ, कृमि और विष को नष्ट करने वाली होती है।)

- उन्माद में 2-4 तोला ताजी शंखपुष्पी का स्वरस देने से दस्त साफ होता है और मद उतरता है।
- ज्वर में भी नींद के लिए तथा प्रलाप कम करने के लिए इसका फांट या इसे जीरा के साथ दूध में पीसकर देते हैं।
- पूयमेह, मूत्रकृच्छ तथा शुक्रदौर्बल्य में भी यह लाभदायक है। गर्भाशय दौर्बल्य के कारण जिनमें गर्भधारण नही होता उन्हें इससे लाभ होता है।
- पत्तों की बीड़ी बनाकर पीने से दमा तथा श्वास नलिका शोथ ठीक हो जाता है।
- पौधे को जीरा तथा दूध के साथ बुखार में दिया जाता है।
- दस्त तथा बुखार एक साथ होने पर तुलसी के साथ काढ़ा बनाकर देने से लाभ होता है।
- रात में वीर्यपात रोकने के लिए पौधे को पीसकर 8-10 दिन तक देने से लाभ होता है।
- पौधे का रस दमा तथा श्वांस नली संबंधी विकारों में दमने से लाभ होता है।
- पौधे का रस देने से पेचिश में लाभ होता है।

नीली शंखपुष्पी [*Evolvulus alsinoides* (L.) L.]

67. पथरचट्टा

- **वानस्पतिक नामः** एलीट्रारिआ अकाउलिस [*Elytraria acaulis* (L. f.) Lindau]
- **कुलः** अकांथेसिए (Acanthaceae)
- **अन्यनामः** हिन्दी - पथरचट्टा, पथरसगा, दशमूल, सासमूल, शहसमूरिया
- **वितरणः** भारत वर्ष के प्रायः सभी प्रान्तों में पाया जाता है।
- **वर्णनः** यह 10-20 सेमी. ऊँचा, एकवर्षीय पौधा है जिसमें तना अनुपस्थित होता है। पत्तियाँ आधार पर लगी हुई अधोमुख अण्डाकर या चम्मचाकार, दंतुर या लहरदार, नींचे की ओर पतली तथा ऊपर की ओर चौड़ी, चिकनी एवं वृंतहीन होती हैं। फूल सफेद होते हैं जो साधारण या शाखित वृंतहीन मंजरी (स्केप) में आते हैं। फल अण्डाकार, भूरे व चिकने होते हैं।
- **प्राप्ति स्थानः** वनों एवं बेहड़ों में, खुले स्थानों, सड़कों के किनारे तथा कंकरीली भूमि में उगता है।
- **फूल तथा फलः** सितंबर से दिसंबर तक में आते हैं।
- **औषधीय उपयोगः**

- जड़ को सोठ के साथ पीसकर दिन में एक बार 21 दिन तक देने से श्वेतप्रदर में लाभ होता है।
- जड़ पीसकर लेप को सुबह-शाम लगाने से बवासीर में आराम मिलता है।
- सर्प काटने पर जड़ को काली मिर्च के साथ पीसकर रस पिलाते हैं।
- जड़ का लेप फोड़ा पर लगाने से ठीक हो जाता है।
- पेट के कीड़े मारने हेतु जड़ का रस पिलाते हैं।
- पथरी में पत्तियों का रस देने से पथरी निकल जाती है।
- अस्थमा में जड़ का रस पिलाते हैं।
- जड़ का लेप फोड़ा-फुंसी तथा कटे स्थान पर लगाने से ठीक हो जाते हैं।
- पत्ती का रस कान में डालने से कान दर्द ठीक होता है।
- पत्ती का लेप नाखूनों के रोग में लगाने से ठीक हो जाते हैं।

पथरचट्टा [*Elytraria acaulis* (L. f.) Lindau]

❖ ❖ ❖

68. पाढ़ी

- **वानस्पतिक नामः** सिस्साम्पेलोस पारेइरा (*Cissampelos pareira* L.)
- **कुलः** मेनिस्पेर्मेसिए (Menispermaceae)
- **अन्य नामः** संस्कृत – लघुपाठा, पीलुला, अविद्धकर्णी, अम्बष्ठा
  हिन्दी – पाढ़ा, पाठ, पाढ़, पाढ़ी
  अंग्रेजी – Velvet Leaf (वेल्वेट लीफ), False Pareira Brava (फाल्स पैरीरा ब्रावा)
- **वितरणः** भारतवर्ष के सभी प्रान्तो में पाई जाती है।
- **वर्णनः** यह बहुवर्षीय आरोही लता है जिसकी शाखायें पतली तथा रोंयेदार होती हैं। पत्ते एकान्तर, लटवाकार या कभी-कभी वृत्ताकार, हृदयाकार, नोकरहित या कभी – कभी नुकीले एवं रोयेंदार होते हैं। पर्णवृत्त लम्बा व रोयेंदार होता है। फूल एकलिंगी, छोटे, पीले से रंग के होते हैं। फल लाल या नारंगी रंग के, कुछ गोलाकार, रोयेंदार होते हैं।
- **प्राप्ति स्थानः** वनों में यह छोटे वृक्षों और झाड़ियों पर फैली हुई पाई जाती है।
- **फूल तथा फलः** फूल वर्षाकाल में तथा फल जाड़ों में लगते हैं।
- **औषधीय उपयोगः** पाठोष्णा कटुका तीक्ष्णा वातश्लेष्महरी लघुः।।
  हन्ति शूलज्वरच्छर्दिकुष्ठातीसार हृद्रुजः।
  दाहकण्डू विषश्वास कृमि गुल्मगर व्रणानि।।

(भावप्रकाश)

(पाढ़ी – उष्णवीर्य, कटुरसयुक्त, तीक्ष्ण, लघु, वात- क्फ नाशक एवं शूल, ज्वर, वमन, कुष्ठ, अतिसार, हृदयरोग, दाह, कण्डू (खुजली) विष, श्वास, कृमि, गुल्म, उदररोग और वृण को दूर करने वाली होती हैं।)

- मूत्र संस्थान के विकारों में इसकी जड़ का फांट दिया जाता है।
- जड़ को पीसकर लेप को सर्प तथा बिच्छु काटने के स्थान पर लगाया जाता है।
- जड़ को पेटदर्द, अजीर्ण, दस्त, जलशोथ तथा खाँसी में पीसकर पिलाते हैं।
- जड़ तथा पत्तों को पीसकर तैल मिलाकर लेप बनाते हैं इस लेप को त्वचारोगों तथा घाव पर लगाते हैं।
- कुपचन होने पर इसकी जड़ को पिपली, हींग तथा अदरक के साथ देने से लाभ होता है।
- जड़ का काढ़ा बनाकर शहद के साथ (10 ग्राम) दिन में 3-4 बार, तीन दिन तक देने से खाँसी तथा जुकाम ठीक हो जाता है।
- जड़ को कँचकर सरसों के तैल में पकाते हैं तथा लेप को जाड़ों के दर्द में लगाने से आराम होता है।

- पत्ती का काढ़ा बनाकर पिलाने से बुखार ठीक हो जाता है।

पाढ़ी (*Cissampelos pareira* L.)

❖ ❖ ❖

69. पीपल

- **वानस्पतिक नामः** फिकुस रेलिजिओसा (*Ficus religiosa* L.)
- **कुलः** मोरेसिए (Moraceae)
- **अन्यनामः** संस्कृत – अश्वत्थ, पिप्पल, चलपत्र, बोधिद्रुम
  हिन्दी – पीपल
  अंग्रेजी – Sacred Fig (सैक्रेड फिग), Peepal (पीपल)
- **वितरणः** भारतवर्ष के प्रायः सभी प्रान्तों में पाया जाता है।
- **वर्णनः** यह बहुत विशाल पर्णपाती वृक्ष होता है जिसकी छाल सफेद धूसर होती है। पत्ते, पतले, चिकने 5–7 शिरायुक्त, लट्वाकार, लम्बाग्र तथा नीचे की ओर लटके होते हैं। पत्रवृंत लम्बा होता है। फल छोटे, अक्षीय जोड़ों में, अवृंत, गोलाकार, दबे हुये, कच्चे में हरे और पकने पर बैंगनी या काले हो जाते हैं।
- **प्राप्ति स्थानः** यह वनों तथा सड़कों के किनारे पाया जाता है एवं गाँवों व मन्दिरों के आस-पास पूजा के निमित्त भी लगाया जाता है।
- **फूल तथा फलः** अप्रैल से जून तक आते हैं।
- **औषधीय उपयोगः** पिप्पलो दुर्जरः शीतः पितश्लेष्मव्रणास्रजित् ।
  गुरूस्तुवरको रूक्षो वर्ण्यो निशोधनः ।।

(भावप्रकाश)

(पीपल – कषायरस युक्त, कठिनता से पचने वाला, शीतल, गुरू, रूक्ष, वर्ण को उत्तम बनाने वाला, योनि का शोधन करने वाला एवं पित्त, कफ, व्रण, तथा रक्त विकार को दूर करने वाला है।)

- बाजीकरण के लिये इसके फल, जड़, छाल एवं कोंपल को दूध में पकाकर, शहद या शक्कर मिलाकर पिलाते हैं।
- सूजाक में कोंपल दूध में पकाकर पिलाते हैं तथा छाल पीसकर रस को पिलाते हैं।
- गर्भ स्थापन के लिये फल का चूर्ण खिलाते हैं।
- घावों में छाल का चूर्ण लगाते हैं। छाल का काढ़ा दस्त तथा पेचिश में देते हैं।
- छाल का काढ़ा या स्वरस कुकरखाँसी में तथा फल का चूर्ण श्वासरोग में लाभकर है।
- पका फल पेटदर्द तथा कब्ज में देते हैं। यह दस्तावर तथा पाचक होता है।
- ताजी तथा नई छाल को कूचकर हड्डी टूटने पर बाँधते हैं।
- छाल को पीसकर लेप को सूजन तथा गलसुआ सूजने पर भी बाँधते हैं।
- छाल का फांट खुजली में पिलाया जाता है।
- फल को पीसकर चूर्ण को पानी के साथ 15 दिन तक लेने से दमा ठीक हो जाता है तथा इससे स्त्रियों में जनन क्षमता बढ़ती है।

- ताजी जली हुई छाल की राख पानी में घोलकर पिलाने से रूकरूक आने वाली हिचकी बंद हो जाती है।
- पैंर में बिमाई फटने पर छाल का रस लगाते हैं।
- शरीर में दर्द या कहीं सूजन हो तो पीपल के पत्तों को गर्म करके लाभ होता है।
- पीपल का फल तथा ताजी कोंपलें बराबर मात्रा में लेकर पीसकर सुखाकर खांड मिलाकर दिन में दो बार देने से महिलाओं के गर्भाशय व मासिक धर्म सम्बन्धी सभी रोग ठीक हो जाते हैं।

पीपल (*Ficus religiosa* L.)

70. पीली हुरहुर

- **वानस्पतिक नामः** क्लेओम विस्कोसा (*Cleome viscosa* L.)
- **कुलः** क्लेओमेसिए (Cleomaceae)
- **अन्यनामः** संस्कृत- आदित्यभक्ता, सुर्यभक्ता
  हिन्दी - पीली हुरहुर, पीली हुलहुल
- **वितरणः** भारत वर्ष के प्रायः सभी प्रान्तों में पाई जाती है।
- **वर्णनः** इसका पौधा 1-3 फीट ऊँचा, सीधा, शाखित, चिपचिपा, ग्रंथिल, रोएंदार तथा दुर्गन्ध युक्त होता है। पत्तियाँ 3-5 पत्रकों वाली होती हैं। पत्रक अवृंतीय, अधोमुख-अण डाकार से दीर्घायत व कुंठाग्र होते हैं। फूल पीले रंग के होते हैं जो विरल लम्बी मंजरियों में लगते हैं। फली चपटी, 2-3 इंच लम्बी, धारीदार, रोमश, ग्रंथियुक्त एवं अग्र भाग पर पतली होती है।
- **प्राप्ति स्थानः** परती भूमि, सड़कों व रेल्वे लाइन के किनारे पाया जाता है।
- **फूल तथा फलः** जुलाई से सितंबर तक आते हैं।
- **औषधीय उपयोगः**

- पत्ती का रस कान में डालने से कान दर्द ठीक होता है।
- बीजों का उपयोग राई के स्थान पर होता है।
- पत्तियों का लेप जोड़ों की सूजन में बांधने से लाभ होता है।
- फोड़ा पर पत्तियों का लेप लगाने से जल्दी ठीक होता है।
- अतिसार में पत्तियों का रस देने से आराम मिलता है।
- खूनी बवासीर में बीजों का लेप लगाते हैं।
- जुकाम में पत्तियों का काढ़ा पिलाते हैं।
- बुखार में पत्तियों का रस पिलाते हैं।
- बालों का झड़ना रोकने के लिए बीजों का लेप लगाते हैं।
- महिलाओं में मासिक धर्म की अनियमितता में पत्तियों का रस पिलाते हैं।
- दाद, खाज, खुजली में पत्तियों का लेप लगाने से आराम मिलता है।

पीली हुरहुर (*Cleome viscosa* L.)

❖ ❖ ❖

71. पुनर्नवा

- **वानस्पतिक नामः** बोएर्हाविआ ड्फ्यिूसा (ठवमतींअपं कपर्िनिं स्प्)
- **कुलः** नीक्टाजिनेसिए (छलबजंहपदंबमंम)
- **अन्यनामः** संस्कृत – रक्त पुनर्नवा, रक्तपुष्पा, वर्षकेतु, शोथधनी
  हिन्दी – पुनर्नवा, सांठ, गदहपुर्ना
  अंग्रेजी – Hog Weed (हॉगवीड), भ्वतेम च्नतेसमदम (हार्स पर्सलेन)
- **वितरणः** भारत वर्ष के समस्त प्रान्तों में पाया जाता है।
- **वर्णनः** इसका पौधा भूमि पर फैलने वाला, बहुवर्षीय, मृदुरोमश या चिकना होता है। इसके तने प्रायः ललाई लिए हुये होते हैं जो कड़े, पतले एवं गांठ पर मोटे होते हैं। शाखायें विभाजित एवं फैली हुई होती हैं। पत्ते लटवाकार या मण्डलाकार होते हैं जो गाँठ पर जोड़ों में लगे होते हैं। जिनमें एक छोटा तथा दूसरा बड़ा होता है। पत्ते नीचे सफेद तथा ऊपर हरे होते हैं। फूल छोटे, गुलाबी या सफेद रंग के होते हैं जो पत्तों के कक्ष से निकले लम्बे डण्ठलों पर गुच्छों में लगे रहते हैं। फल 6 मिमी लम्बे, 5 धारीदार, चिपचिपे तथा एक बीज वाले होते हैं।
- **प्राप्ति स्थानः** यह सड़कों के किनारे परतीभूमि एवं वनों में बहुतायत में मिलता है।
- **फूल तथा फलः** लगभग वर्ष भर लगते हैं।
- **औषधीय उपयोगः** उष्णानि स्वादुतिक्तामि वातप्रशमनानि च।
  तेषु पौनर्नवं शांक विशेषात् शोथ नाशनम्।

(सुश्रुत संहिता)

(वातनाशक व मूत्रल पुनर्नवा की सब्जी से सूजन भी दूर होती है।)

पुनर्नवा अरूणा तिक्ता कटुपाका हिमालघुः।
बातला ग्राहिणी श्लेष्मपित्त रक्तविनाशिनी ।।

(भावप्रकाश)

(पुनर्नवा-तिक्त रसयुक्त, विपाक में कटु रसयुक्त, शीतल, वातकारक, मलसंग्राही एवं पित्त और रक्त विकार को दूर करने वाला होता है।)

- गुर्दे की बीमारियों तथा पेशाब रूक जाने में यह बहुत लाभ दायक है। मूत्र की मात्रा बढ़ने से गुर्दे की सफाई होती हैं तथा उसके घाव भी ठीक हो जाते हैं। पुनर्नवा जड़ का 1-2 ग्राम तक चूर्ण का उपयोग करते हैं।
- मोंतियाबिंद आदि नेत्ररोगो में इसकी ताजी जड़ को पीसकर शुद्ध शहद के साथ आँख में लगाते हैं।
- पीलिया में सबेरे 5-10 ग्राम जड़ को पानी में पीसकर शहद के साथ प्रयोग करते हैं।

- शरीर में सूजन होने पर इसे अकेले या गोखरू आदि के साथ उबालकर उपयोग किया जाता है।
- हल्की सूजन को ठीक करने के लिए तथा पीलिया में भी पुनर्नवा के पत्तों को साग की तरह पकाकर खाया जाता है।
- यह औषधि मुख्यत: मूत्र विरेचक के रूप में प्रयोग होती है, और जलोदर, पीलिया व सूजाक में दी जाती है।
- पुनर्नवा शुक्राणुवर्धक एवं बाजीकारक है। वीर्य में शुक्राणुओं की कमी होने पर इसकी जड़ का 200 मिलीलीटर काढ़ा काली मिर्च के साथ रोजाना 4 से 7 दिन तक खाने से लाभ होता है।
- जड़ को पीसकर लेप को फोड़ा तथा कटे भाग पर लगाते हैं।
- जड़ को चावल के पानी में पीसकर सर्प काटने पर पिलाया जाता है।

पुनर्नवा (*Boerhavia diffusa* L.)

72. प्याज

- **वानस्पतिक नामः** अल्लिउम सेपा (*Allium cepa* L.)
- **कुलः** अमारीलिल्लिडेसिए (Amaryllidaceae)
- **अन्यनामः** संस्कृत – पलाण्डु, दुर्गन्ध
  हिन्दी – प्याज, पियाज
  अंग्रेजी – Onion (ओनियन)
- **वितरणः** प्याज की खेती प्रायः सभी प्रान्तों में की जाती है।
- **वर्णनः** यह 2 से 3 फीट ऊँचा, तना विहीन, एकवर्षीय पौधा होता है। पत्ते दो कतारों में, लम्बे, मांसल, पोले तथा रंभाकार होते हैं। इनके बीच से पुष्प दण्ड निकलता है। इसके अग्रभाग में लट्टू के समान गोल गुम्मजदार गुच्छों में सुहावने हरापन लिये सफेद फूल लगते हैं। इनमें से तिकोने काले बीज निकलते हैं। पुष्पदण्ड के नीचे जो कंद बैठता है उसी को प्याज कहते हैं।
- **प्राप्ति स्थानः** कुछ लोग इसकी खेती करते हैं तथा अन्य सभी सब्जी में उपयोग हेतु दुकानों से खरीदते हैं। यह हर घर में उपलब्ध होती है।
- **फूल तथा फलः** फरवरी से अप्रैल तक आते हैं।
- **औषधीय उपयोगः** स्वादुःपाके रसेअनुष्णः क कृन्नाति पित्तलः।
  हरते केवलं वातं बलवीर्य करो गुरूः ।।

(भावप्रकाश)

(प्याज – रस तथा पाक में मधुर रसयुक्त, अनुष्ण (उष्णीवीर्य) एवं कफ कारक होता है और यह अत्यंत पित्त कारक नहीं होता है। यह केवल वातहर होता है तथा बल एवं वीर्य को करने वाला एवं गुरू होता है।)

- बच्चों एवं वृद्धों के कफ विकारों में विशेषकर जब ज्वर (बुखार) न हो तब यह लाभदायक है। कच्चे प्याज के रस को मिश्री मिलाकर बच्चों को चटाया जाता है तथा वृद्धों में इसको पकाकर देते हैं। क्षयजकास (टी.वी. की खाँसी) में इससे कम कष्ट होता है।
- बाजीकरण के लिये इसके रस को शहद तथा घी के साथ दिया जाता है।
- बवासीर में इसके रस को 1–2 तौला मिश्री के साथ पिलाते हैं या प्याज को पकाकर उसमें मिश्री, घी तथा जीरा मिलाकर खिलाते हैं एवं गरम–गरम मस्सों पर बाँधते हैं।
- मसूढ़ों की सूजन तथा दर्द में इसको नमक के साथ खिलाते हैं।
- इसका काढ़ा आन्त्रावरोध, बवासीर, पीलिया एवं गुदभ्रंश आदि में लाभदायक है।
- हैजा में इसके रस के साथ चूने का पानी मिलाकर पिलाते हैं।
- नाक से रक्तस्राव होने पर इसके रस का नस्य कराया जाता है।
- चक्कर आता हो तो इसको सुंघाते हैं।
- कान दर्द में साधारण गरम रस कान में डालने से दर्द कम हो जाता है।

- अंधता तथा धुंध आदि विकारों में इसका रस शहद में मिलाकर नेत्र में लगाते हैं तथा रतौंधी में नमक के साथ इसका रस डालते हैं।
- इसको घी में भूनकर उसका पोल्टिस गाँठ, फोड़े, बद एवं घाव आदि पर लगाया जाता है।
- आमवात, संधिविकार एवं अन्यदाह, कण्डू आदि चर्मरोगों में इसके रस को सरसों के तैल में मिलाकर मलते हैं।
- बिच्छू तथा अन्य कीड़ों के काटने पर इसके रस को लगाने से दाह एवं वेदना की शान्ति होती है।
- प्याज के बीज बाजीकारक होते हैं। इनको पीसकर शहद के साथ खालित्य, व्यंग एवं झांई आदि पर लगाते हैं।
- दाद में सिरका में इसे पीसकर लगाते हैं तथा मस्सों पर नमक के साथ इसका उपयोग किया जाता है।

प्याज (*Allium cepa* L.)

73. बकुची

- **वानस्पतिक नामः** कुल्लेन कोरीलिफोलिउम [*Cullen corylifolium* (L.) Medik.] (syn. *Psoralea corylifolia* L.)
- **कुलः** फाबेसिए (Fabaceae)
- **अन्यनामः** संस्कृत – सोमराजी, कुष्टघ्नी, सुगंधकंटक
  हिन्दी – बाकुची, बकुची, बाबची
- **वितरणः** भारत वर्ष के सभी प्रान्तों में पाई जाती है।
- **वर्णनः** यह सीधा, 1 से 4 फीट तक ऊँचा, एकवर्षीय पौधा है। इसकी पत्तियाँ अरणी की पत्तियों के समान गोलाकार, दीर्घवृत्तीय एवं दांतेदार होती हैं, जिनके दोनों पृष्ठों पर काले धब्बे होते हैं। फूल नीले रंग के होते हैं जो लम्बे वृन्तों पर पत्तों के कक्ष में पुष्पपुंजों मे लगते हैं। प्रत्येक गुच्छे में 10–30 फूल होते हैं। फली छोटी, गोल, काली व एक बीज वाली होती है।
- **प्राप्ति स्थानः** वनों में झाड़ियों के बीच, सड़कों के किनारे तथा खेतों की मेड़ों पर पाई जाती है।
- **फूल तथा फलः** जुलाई से मार्च तक आते हैं।
- **औषधीय उपयोगः** बाकुची मधुरा तिक्ता कटुपाका रसायनी।
  विष्टम्भहृद्धिमा रुच्या सराश्लेष्मास्त्रपित्तनुत।
  रूक्षा हृद्याश्वास कुष्ठमेहज्वरकृमि प्रणुत।।

(भावप्रकाश)

(बाकुची– मधुर तथा तिक्त रसयुक्त, विपाक में कटुरसयुक्त, रसायन, विष्टम्भ को दूर करने वाली, शीतवीर्य, रुचिजनक, दस्तावर, कफ तथा रक्तपित्त को दूर करने वाली होती है। यह रूक्ष, हृदय के लिए हितकर तथा श्वांस, कुष्ठ, प्रमेह, ज्वर व कृमि को नष्ट करने वाली होती है)।

- कुष्ठ में बीजों को चौथाई भाग हरताल के साथ गोमूत्र में पीसकर लेप करने से लाभ होता है। खैर और आंवले के काढ़े के साथ इसके चूर्ण का सेवन भी लाभदायक है।
- बाकुची एवं काले तिल का सेवन करें तो सभी प्रकार के कुष्ठ रोग ठीक हो जाते हैं।
- बाकुची के 1–2 ग्राम बीज नीम के पत्तों के रस के साथ देने से पेट के कीड़े निकल जाते हैं।
- पौधे का काढ़ा बनाकर पिलाने से बुखार ठीक हो जाता है।
- पत्ती का लेप लगाने से त्वचा रोग ठीक हो जाते हैं।

बकुची [*Cullen corylifolium* (L.) Medik.]

74. बच

- **वानस्पतिक नाम:** अकोरुस कालामुस (*Acorus calamus* L.)
- **कुल:** अकोरेसिए (Acoraceae)
- **अन्यनाम:** संस्कृत - वचा, उग्रगंधा
  हिन्दी - बच, घोड़बच
  अंग्रेजी - स्वीट फ्लेग (Sweet Flag)
- **वितरण:** भारत वर्ष के लगभग सभी प्रदेशों में 2000 मी. की ऊँचाई तक पाया जाता है।
- **वर्णन:** यह 2 से 4 फीट ऊँचा पौधा है जो जलीय भूमि में पाया जाता है। प्रकंद अदरख के समान, 5 से 6 गाँठ वाला, खुरदरा तथा प्रत्येक गाँठ के चारों ओर सघन रोम होते हैं। पत्तियाँ लम्बी, पतली एवं तलवार के समान होती हैं। फूल छोटे व केलई रंग के व 2 से 4 इंच लम्बी पुष्पमंजरी में व्यवस्थित रहते हैं जो लम्बगोल और 6 से 8 इंच लम्बे पत्रकोशों से ढ़की रहती हैं।
- **प्राप्ति स्थान:** झरनों व तालाबों के किनारे जलीय भूमि में उगता है।
- **फूल तथा फल:** अप्रेल से अगस्त तक आते हैं।
- **औषधीय उपयोग:**

वचोग्रगंधा कटुका तिक्तोष्णा वान्तिवह्निकृत।
विबन्धाधमान शूलघ्नी शकृन्मूत्र विशोधिनी।। (भावप्रकाश)

(वच- उग्रगंधयुक्त, तिक्त तथा कटुरस वाली, उष्णवीर्य, वमनकारक, अग्निजनक, विबंध, आधमान और शूल को नष्ट करने वाली एवं मल तथा मूत्र का शोधन करने वाली होती है)।

- कान दर्द में प्रकंद का रस कान में डालने से कान दर्द ठीक हो जाता है।
- प्रकंद के चूर्ण को शहद या दूध के साथ सेवन करने से स्मरणशक्ति बढ़ती है एवं वाणी प्रखर होती है।
- सूखी खाँसी में प्रकंद का टुकड़ा मुख में रखने से लाभ होता है।
- सर्दी, जुकाम, गले की सूजन तथा खाँसी में इसका काढ़ा बहुत उपयोगी होता है।
- मलेरिया में प्रकंद का काढ़ा दिन में दो बार देने से ठीक हो जाता है।
- बवासीर में भांग और अजवाइन के साथ इसकी धूनी देने से दर्द ठीक होता है।
- पुराने दस्त एवं पेचिश में प्रकंद का रस देने से लाभ होता है।
- प्रकंद का टुकड़ा चवाने से भूख बढ़ती है।
- अंगघात, आमवात व संधिवात में इसका लेप लगाना लाभदायक होता है।

बच (*Acorus calamus* L.)

❖ ❖ ❖

75. बबूल

- **वानस्पतिक नाम:** वाचेल्लिआ निलोटिका [*Vachellia nilotica* (L.) P. J. H. Hurter & Mabb. subsp. *indica* (Benth.) Kyal. & Boatwr.] [syn. *Acacia nilotica* (L.) Del. subsp. *indica* (Benth.) Brenan]
- **कुल:** फाबेसिए (Fabaceae)
- **अन्यनाम:** संस्कृत - बब्बूल, किकिराट, किकिरात, सपीतक
  हिन्दी - बबूल, बबूर, कीकर
- **वितरण:** यह सिंध तथा डेक्कन का निवासी होते हुये भी अब भारत वर्ष के सभी प्रान्तों में पाया जाता है।
- **वर्णन:** इसका मध्यम से बड़े आकार का काँटेदार वृक्ष होता है। छाल गहरे भूरे या काले रंग की एवं लम्बाई में फटी हुई होती है। काँटे सीधे, सफेद, नुकीले तथा पर्णवृंत के नीचे जोड़े में आते हैं। पत्ते संयुक्त, उपपक्ष 4-9 मिमी लम्बे 1.5 -2 सेमी चौड़े, रेखाकार होते हैं। फूल चमकीले पीले, गोल एवं सुगंधित होते हैं। फली 3-6 इंच लम्बी, 0.5 इंच चौड़ी, माला की तरह बीच-बीच में सिकुडी हुई, टेढ़ी, मृदुरोमश एवं 8-12 बीजों से युक्त होती है।
- **प्राप्ति स्थान:** यह सर्वत्र पाया जाता है।
- **फूल तथा फल:** फूल अगस्त से सितम्बर तथा फल मार्च से मई तक लगते हैं।
- **औषधीय उपयोग:** बब्बूल: कफनुद, ग्राही कुष्ठक्रिमि विषापह: ।

(भावप्रकाश)

(बबूल- ग्राही एवं कफ, कुष्ठ, क्रिमि तथा विष का नाशक है।)

- मुख के छाले, सूखी खाँसी, गले का सूखना आदि में इसके गोंद को चूसने से लाभ होता है। मूत्रकृच्छ, अतिसार, मधुमेह में इसको खिलाते हैं।
- इसकी छाल के काढ़े से गण्डूस (गरारे) करने से मुखरोग, दाँत हिलना तथा गले की शिथिलता में लाभ होता है।
- छाल का काढ़ा मसूड़ों तथा गले की सूजन में उपयोग किया जाता है। इस काढ़े से गरारे भी करते हैं।
- काढ़े में स्तम्भन गुण होने के कारण इससे घावों तथा फोड़ों को धोते हैं।
- गोंद का चूर्ण भी दस्त तथा पेचिश में दिया जाता है। भुना हुआ गोंद विशेषकर लैंगिक कमजोरी में टोनिक के रूप में दिया जाता है।
- कोमल पत्ते दस्त में दिये जाते हैं।
- आँख आने पर पत्तों को मसल कर ऊपर से लगाते हैं।

- गोंद मधुमेह में बहुत उपयोग होता है।
- कोमल फलियों को छाया में सुखाकर चूर्ण बनालें। इसमें समान मात्रा में मिश्री मिलाकर रख लें। 5 ग्राम चूर्ण पानी के साथ रोजाना सुबह- शाम सेवन करने से वीर्य का पतला पन दूर होता है।

बबूल [*Vachellia nilotica* (L.) P. J. H. Hurter & Mabb. subsp. *indica* (Benth.) Kyal. & Boatwr.]

❖ ❖ ❖

76. बहेड़ा

- **वानस्पतिक नाम:** टेर्मिनालिआ बेल्लिरिका [*Terminalia bellirica* (Gaertn.) Roxb.]
- **कुल:** कोम्ब्रेटेसिए (Combretaceae)
- **अन्यनाम:** संस्कृत – विभीतक, अक्ष, कर्षफल, कलिद्रुम

  हिन्दी – बहेड़ा

  अंग्रेजी – Beleric Myrobalan (बेलेरिक मैरोवलन)
- **वितरण:** भारतवर्ष के प्राय: सभी प्रान्तों के वनो में विशेषकर नीची पहाड़ियों पर अधिक होता है।
- **वर्णन:** यह विशाल, पर्णपाती वृक्ष होता है जिसका तना सीधा, गोल, तथा छाल गाढ़े भूरे रंग की होती है। पत्ते महुआ के पत्तों के समान, 3-8 इंच लम्बे, अण्डाकार, अभिलट्वाकार, शाखाओं के अग्रभाग पर समूह ब) लगे रहते हैं। फूल छोटे, सफेद या पीले, 3-6 इंच लम्बी मंजरियों में लगते हैं। फल गोलाकार धूसरवर्ण तथा रोमश होता है।
- **प्राप्ति स्थान:** वनों में पाया जाता है।
- **फूल तथा फल:** फूल अप्रैल से जून तथा फल अक्टूबर से जनवरी तक लगते हैं।
- **औषधीय उपयोग:** बिभीतकं स्वादुपाकं कषायं कफपित्तनुत् ।

  उष्णवीर्य हिमस्पर्श भेदनं कासनाशनम् ।।

  रूक्षं नेत्रहितं केश्यं कृमि वैस्वर्यनाशनम्।

  विभीतक मज्जातृटछर्दि कफवात हरी लघु: ।।

(भावप्रकाश)

(बहेड़ा – मधुर विपाक वाला, कषाय रस युक्त, कफ व पित्त का नाशक, उष्णवीर्य वाला, शीतस्पर्श वाला, मल का भेदन करने वाला, खाँसी का नाशक, रूक्ष, नेत्र तथा बालों के लिये हितकर, कृमि तथा स्वरभेद को दूर करने वाला होता है। बहेड़े की मीगी– प्यास, वमन और कफ एवं वायु का नाश करने वाली, लघु पाकी, कषाय रसयुक्त और मदकारक होती है।)

- बहेड़ा का विशेष उपयोग त्रिफला के रूप में होता है।
- शोथ वेदना युक्त विकारों में इसके फल का लेप करते हैं तथा बीजों का तैल लगाते हैं।
- फल का टुकड़ा भूनकर खाँसी, श्वांस तथा स्वरभंग में मुंख में रखकर चूसते हैं। इससे कफ आसानी से बाहर निकल आता है।
- आँख आने पर फल का लेप आँखों पर लगाते हैं।
- इसका आधा पका फल कब्ज में तथा पका फल दस्त तथा पेचिश में दिया जाता है।
- इसका एक बीज प्रतिदिन सेवन करने से कामोत्तेजना बढ़ती है।

- फल का चूर्ण शहद के साथ खाने से पेट साफ हो जाता है।
- फल का चूर्ण श्वासनली की सूजन तथा दमा में लाभदायक है।

बहेड़ा [*Terminalia bellirica* (Gaertn.) Roxb.]

77. बाघनखी

- **वानस्पतिक नामः** मार्टीनिआ अन्नुआ (*Martynia annua* L.)
- **कुलः** मार्टीनिएसिए (Martyniaceae)
- **अन्यनामः** हिन्दी - बाघनखी, बिच्छू, बिछुआ, हाथजोड़ी, गोमुखी
  अंग्रेजी - Tiger Claw (टाइगर क्लॉ) Devil's Claw (डेविल्स क्लॉ)
- **वितरणः** मैक्सिको का निवासी होते हुए भारत वर्ष के समस्त प्रान्तों में पाया जाता है।
- **वर्णनः** यह 3-6 फीट ऊँचा, मोटा, मृदुरोमश, चिपचिपा, एकवर्षीय पौधा होता है। पत्ते बड़े, विपरीत, दूर-दूर पर दंतुर एवं छोर पर लहरदार होते हैं। जिनका प्रष्ठ भाग प्रायः ओस कणों के समान एक चिपचिपे पदार्थ के सूक्ष्म बिन्दुओं से ढका रहता है। फूल गुलाबी या गहरे बैंगनी रंग के एवं आकार में तिल के फूल के समान होते हैं। फल काले रंग का, बहुत कठोर, अग्रपर दो तीक्ष्ण एवं मुडे हुये काँटो से युक्त होता है।
- **प्राप्ति स्थानः** वर्षा के दिनों में सड़कों के किनारे तथा परती भूमि में पाया जाता है।
- **फूल तथा फलः** फूल अगस्त से सितम्बर तथा फल अक्टूबर से नवम्बर तक लगते हैं।
- **औषधीय उपयोगः**

* बिच्छू के काटने पर इसके फल को घिसकर लेप करते हैं।
* बीजों का तैल सभी प्रकार के चर्म रोगों में लगाने से लाभ होता है।
* पत्तों का रस मिर्गी आने पिलाया जाता है।
* गला खराब होने पर इसके पत्तों के रस से गरारे करते हैं।
* फल का लेप सूजन, घाव तथा फोड़ा पर लगाने से लाभ होता है।
* पशुओं में घाव होने पर पत्तों का लेप लगाने से घाव ठीक हो जाते हैं।

बाघनखी (*Martynia annua* L.)

78. बेल

- **वानस्पतिक नाम:** एग्ले मार्मेलोस [*Aelge marmelos* (L.) Correa]
- **कुल:** रुटेसिए (Rutaceae)
- **अन्य नाम:** संस्कृत - बिल्व, शाण्डिल्य, श्रीफल
  हिन्दी - बेल
  अंग्रेजी - Bael Tree (बील ट्री), Bangal Quince (बैंगाल क्विन्स)
- **वितरण:** बेल के वृक्ष भारत के सभी प्रान्तों के वनों में तथा मैदानी भागों में पाये जाते हैं।
- **वर्णन:** यह मध्यमाकार पर्णपाती वृक्ष होता है जिसकी शाखाओं पर पत्तों के कक्ष में सीधे, नुकीले, एक इंच लम्बे काँटे होते हैं। पत्ते त्रिपत्रकीय होते हैं जो लम्बे वृंत पर लगे होते हैं। पत्रक अण्डाकार- भालाकार होते हैं। बीच वाला पत्रक अन्य दो से कुछ बड़ा होता है। फूल हरियाली लिए हुए सफेद रंग के मधुर सुगंधित होते हैं। फल गोलाकार हरे रंग का जो पकने पर पीले भूरे रंग का हो जाता है। फल का छिलका कठोर होता है। बीज बिनौले के आकार के होते हैं जो गूदे के अन्दर रंगहीन गौंद में लिपटे रहते हैं।
- **प्राप्ति स्थान:** वनों में यह पर्याप्त मात्रा में पाया जाता है। संत महात्मा लोग इसे शिवपूजा के निमित्त मन्दिरों के पास लगाते हैं।
- **फूल तथा फल:** फूल मार्च से मई तक तथा फल जून से अगली जुलाई तक आते हैं।
- **औषधीय उपयोग:** श्रीफल स्तुवरस्त्तो ग्राही रूक्षोअग्निपित्तकृत्।
  वात श्लेष्महरो बल्यो लघुरूष्णश्च पाचनः ।।

(भावप्रकाश)

(बेल - कषाय तथा तिक्त रस युक्त, ग्राही, रूक्ष, अग्निवर्धक, पित्तकारक, वातकफ नाशक, बल कारक, लघु, उष्णवीर्य तथा पाचक है।)

- इसके पके फल के गूदे का शर्बत बनाकर लेने से जीर्णज्वर, बिवन्ध, अर्श, ऊरा तथा कुपचन में लाभ होता है।
- भुना हुआ कच्चा फल या कच्चे फल का सुखाया हुआ गूदा दस्त तथा पेचिश में देने से लाभ होता है।
- बच्चों को जब उल्टी एवं दस्त होते हैं तो इसकी जड़ की छाल चावल के माड़ के साथ उबालकर, माड़ में शक्कर मिलाकार पिलाते हैं।
- बेल के कच्चे व या अधपके फल खाने से भूख व पाचन शक्ति बढ़ती है।
- बेल, नीम तथा तुलसी के पत्तों को सुखाकर चूर्ण को दिन में तीन बार 15 दिन तक देने से मधुमेह में लाभ होता है।
- पत्तों का रस मक्खन के साथ मुँह में छालों पर लगाते हैं।

- कच्चे फल का गूदा 2–3 चम्मच दिन में तीन बार खाने से पेचिश ठीक हो जाती है।
- फल का सूखा गूदा जिसे 'बेलगिरी' कहते हैं, दस्त के उपचार हेतु दी जाती है।
- जड़ की छाल आयुर्वेदिक औषधी 'दशमूलारिष्ट' व च्यवनप्राश में पड़ती है यह वातकारक होती है।
- छोटे अधपके फल को सौंफ तथा अदरक के साथ काढ़ा बनाकर बवासीर में दिया जाता है।
- पत्तों का रस काली मिर्च के साथ पीलिया में दिया जाता है।
- पत्तों का रस नेत्ररोगों में उपयोग होता है। पत्तों का काढ़ा दमा के रोगियों को दिया जाता है।
- जड़ का काढ़ा शक्कर तथा तले हुये चावलों के साथ बच्चों को दस्त तथा अन्य पेट संबंधी गड़बड़ी में देते हैं।

बेल [*Aelge marmelos* (L.) Correa]

79. ब्रह्मी

- **वानस्पतिक नाम:** बाकोपा मोन्निएरी [*Bacopa monnieri* (L.) Wettst.]
- **कुल:** प्लांटाजिनेसिए (Plantaginaceae)
- **अन्यनाम:** संस्कृत – ब्राह्मी, सोमवल्ली, सरस्वती
  हिन्दी – निरब्रह्मी, जलनीम, ब्रह्मी, सफेद चमनी
  अंग्रेजी – Thyme Leaved Gratiola (थाइम लीव्ड ग्राटिओला)
- **वितरण:** यह पौधा नदी नालों, तालाबों, झरनों आदि के समीप की नमभूमि में भारत के समस्त प्रान्तों में पाया जाता है।
- **वर्णन:** इसका पौधा छोटा, किंचित माँसल, मुलायम व जमीन पर रेंगने वाला होता है। पत्ते छोटे, अभिलट्वाकार, वृंतरहित, मांसल व सूक्ष्म काले दागों से युक्त होते हैं। फूल हल्के नीले या गुलाबी रंग के होते हैं जो पत्तों के कक्ष में निकलते हैं। फली अण्डाकार, चिकनी तथा नुकीली होती है।
- **प्राप्त स्थान:** यह नदियों के किनारे तथा झरनों में पाई जाती है।
- **फूल तथा फल:** लगभग वर्षभर फूल व फल लगते हैं।
- **औषधीय उपयोग:** ब्राह्मी हिमसिरा तिक्ता लघुमेधर्या च शीतला।
  कषामा मधुरा स्वादुपाकाअयुष्या रसायनी ।। (भाव प्रकाश)

(ब्राह्मी- शीतवीर्य, दस्तावर, कषाय और मधुर रस युक्त, लघु व बुद्धि को बढ़ाने के लिए उत्तम रसायन है।)

- आमवात में इसके रस का बाहय प्रयोग करते हैं।
- पौधे का काढ़ा खाँसी में दिया जाता है।
- पौधे को पीसकर लेप को खुजली तथा दाद में लगाते हैं।
- पत्तों का रस बच्चों की खाँसी या श्वांस नली की सूजन में दिया जाता है। इसके सेवन से कै (वमन) हो जाती है इसलिए शांति पड़ जाती है।
- पत्तों के रस को पेट्रोल में मिलाकर गठिया के दर्द में लेप करते हैं।
- 10 से 20 ग्रम तक ताजा रस अथवा पूरे पौधे का एक से दो ग्राम चूर्ण शहद के साथ सुबह-शाम नियमित रूप से 4-6 माह तक स्मृति एवं बुद्धि बढ़ाने हेतु दिया जाता है।
- पौधे के ताजे रस को घी में उबालकर नाड़ी विकारो जैसे मिर्गी, तंत्रिकातंत्र की दुर्बलता में दिया जाता है।

ब्रह्मी [*Bacopa monnieri* (L.) Wettst.]

80. भटकटैया

- **वानस्पतिक नामः** सोलानुम विर्जिनिआनुम (*Solanum virginianum* L.) (syn. *S. xanthocarpum* Schrad. & H. Wendl.; *S. surrattense* Burm. f.)
- **कुलः** सोलानेसिए (Solanaceae)
- **अन्यनामः** संस्कृत – कंटकारी, दुःस्पर्शा, क्षुद्रा, व्याघ्री
  हिन्दी – भटकटैया, छोटी कटेरी, रेंगनी
  अंग्रेजी – Yellow Berried Night Shade (येलो-बेरीड नाइट शेड)
- **वितरणः** प्रायः भारत वर्ष के सभी प्रान्तों में पाई जाती है।
- **वर्णनः** यह जमीन पर फैलने वाला, अत्यंत काटेदार एकवर्षीय पौधा है जिसका तना टेड़ा-मेढ़ा एवं बहुशाखित होता है। काँटे सीधे, पीले, चिकने तथा लगभग आधे इंच लम्बे होते हैं। पत्ते 4-5 इंच लम्बे, 2-3 इंच चौड़े, लट्वाकार, आयताकार या अण्डाकार, गहरे कटे हुये या पक्षवत खंडित और पुनः खंडित या दन्तुर होते हैं। फूल गहरे नीले रंग के आते हैं। फला गोल, कच्ची अवस्था में हरे तथा सफेद धारियों से युक्त तथा पकने पर पीले रंग के हो जाते हैं। बीज चिकने एवं छोटे होते हैं।
- **प्राप्ति स्थानः** यह सर्वत्र पाई जाती है।
- **फूल तथा फलः** दिसम्बर से जून तक आते हैं।
- **औषधीय उपयोगः** कंटकारी सरा तिक्ता कटुका दीपनी लघुः ।।
  रूक्षोष्णा पाचनी कासश्वासज्वर कानिलान्।
  निहन्ति पीनसं पार्श्वपीड़ा कृमिहृदामयान्।।

(भावप्रकाश)

(भटकटैया – दस्तावर, तिक्त तथा कटु रस युक्त, अग्निदीपक, लघु, रूक्ष, उष्णवीर्य और पाचक होती है। यह खाँसी, श्वास, ज्वर, कफ, वात, पीनस, पार्श्वपीड़ा (पसुली का दर्द) कृमि तथा हृदयरोग इन सबों को दूर करती है।)

- गिलोय एवं इसकी जड़ का काढ़ा बुखार तथा खाँसी में टोनिक के रूप में दिया जाता है। इससे शरीर की पीड़ा कम होती है, कुछ पसीना होता है एवं मूत्र की मात्रा भी कुछ बढ़ती है।
- दमा में इसकी जड़ के काढ़े को सैंधा नमक तथा हींग मिलाकार देते हैं। सुश्रुत के अनुसार इसकी जड़ का एक तौला चूर्ण, आधा तौला हींग के साथ शहद मिलाकर तीन दिन तक दमा में सेवन करना चाहिये।
- इसकी जड़ का रस मद्य (शराब) मिलाकर पिलाने से उल्टी (वमन) बंद हो जाती है।
- इसकी जड़ के काढ़े को मूत्रकृच्छ, बस्तिगत पथरी एवं जलोदर में देते हैं। मूत्रदोष में इसके रस में शहद मिलाकर पिलाते हैं।

- इसके बीज के धूम्रपान से दाँतदर्द कम होता है तथा कभी-कभी तत्काल लाभ होता है।
- पीड़ायुक्त बवासीर में इसके बीज की धूनी दी जाती है।
- वेदनायुक्त अंगों पर इसके पत्तों का लेप किया जाता है।
- आमवात में इसके पत्तों के रस में काली मिर्च मिलाकर पिलाते हैं तथा पत्तों का लेप करते हैं।
- गले की सूजन में फलों का रस उपयोगी है।
- सूजाक में पौधे का काढ़ा पिलाते हैं।
- पत्तों को पीसकर बवासीर में लगाते हैं।
- फलों का रस गला खराब होने पर दिया जाता है।
- 2 तौला ताजे पौधे का रस तथा 2 तौला अनंतमूल का रस मट्ठा के साथ मिलाकर मूत्रल के रूप में देते हैं।

भटकटैया (*Solanum virginianum* L.)

81. भांगरा

- **वानस्पतिक नामः** एक्लिप्टा प्रोस्ट्राटा [*Eclipta prostrata* (L.) L.] [syn. *E. alba* (L.) Hassk.]
- **कुलः** अस्टेरेसिए (Asteraceae)
- **अन्य नामः** संस्कृत - भृंगराज, केशरज्जन, केशराज
  हिन्दी - भांगरा, भंगरा, घमरा, घामरा, भंगरैया
- **वितरणः** समस्त भारतवर्ष के जलीय स्थानों में उत्पन्न होता है तथा पहाड़ों पर 6000 फीट की ऊँचाई तक पाया जाता है।
- **वर्णनः** यह उधर्व या जमीन पर फैला हुआ, अनेक शाखायुक्त, एकवर्षीय, रोंयेदार पौधा है जिसकी निचली ग्रन्थियों पर प्रायः जड़ें निकलती हैं। पत्ते 2 इंच तक लम्बे, अवृन्त, आयताकार - भालाकार, नुकीले, किंचित दंतुर और विपरीत होते हैं। मुण्डक सफेद होते हैं जिनमें बाहरी फूल स्त्रीलिंग और जिव्हाकार तथा भीतरी फूल घंटिकाकार होते हैं। बीज लम्बे, छोटे कालीजीरी के समान होते हैं।
- **प्राप्ति स्थानः** यह नदी-नालों, झरनों आदि के समीप नम भूमि में पाया जाता है।
- **फूल तथा फलः** वर्षभर लगते हैं।
- **औषधीय उपयोगः**

भृंगारः कटुकस्तीक्ष्णो रूक्षोष्णः कफवातनुतः।
केश्यस्त्वच्यः कृमिश्वास कास शोथामपाण्डुनुत।।
दन्त्यो रसायनो बल्यः कुष्ठनेत्र शिरोर्तिनुत।

(भावप्रकाश)

(भांगरा - कटुरस युक्त, तीक्ष्ण, रूक्ष, गरम, कफवात नाशक, केशों के लिए हितकर, त्वचा को साफ करने वाला, दाँतो के लिए हितकर, रसायन, बलकारक एवं कृमि, श्वास, कास, शोथ, आम, पाण्डुरोग, कुष्ठ, नेत्ररोग तथा शिरोरोग को दूर करता है।)

- बाल काला करने तथा बढ़ाने के लिए इसका रस कसीस (फेरस सल्फेट) के साथ लेप करते हैं।
- छोटे बच्चों की खाँसी में इसका 1-2 बूँद रस शहद के साथ देते हैं जिससे गले की घरघराहट भी कम होती है।
- घाव और चोट पर इसका लेप करने से पीड़ा कम होती है और घाव शीघ्र भरता है।
- सिरदर्द में इसका स्वरस सिर में मलते हैं।
- एरण्ड तैल के साथ इसका स्वरस पिलाने से पेट के कीडे बाहर निकल आते हैं।
- इसके बीजों का उपयोग काम शक्ति बढ़ाने के लिए करते हैं।

- ताजे पौधे को मसूड़े पर मलने से दाँत दर्द कम होता है ।
- इसके रस को तैल के साथ सिर में मलने से सिरदर्द ठीक हो जाता है।
- यह तिल के तैल के साथ फीलपाँव में भी लगाया जाता है।
- पौधे का रस सुगन्धित पदार्थो के साथ पीलिया में दिया जाता है।
- पौधे को खाने तथा बालों में लगाने से बाल काले हो जाते हैं।
- एक चम्मच पत्तों का रस पीलिया तथा बुखार में देने से लाभ होता है।
- पत्तों का रस फोड़ा पर तथा मवेशी के घाव में लगाते हैं।
- पौधे का रस शहद के साथ बच्चों को सर्दी में दिया जाता है।
- बवासीर में इसका धुआँ बहुत लाभदायक होता है।
- ताजे पत्तों का लेप, सूजन, कीड़े काटने तथा अन्य त्वचा रोगों में लगाते हैं।

82. भुंई आँवला

- **वानस्पतिक नाम:** फील्लांथुस अमारूस (*Phyllanthus amarus* Schumach. & Thonn.)
- **कुल:** फील्लांथेसिए (Phyllanthaceae)
- **अन्यनाम:** संस्कृत – भूम्यामलकिका, भूधात्री, बहुपत्रा, बह्वुला।
  हिन्दी – भुंई आँवला, भुंई आमला
- **वितरण:** समस्त भारतवर्ष में विशेषत: उष्ण प्रदेशों में पाया जाता है।
- **वर्णन:** यह एकवर्षीय, चिकना, एक फीट तक ऊँचा पौधा होता है, जिसकी शाखायें सीधी, पतली तथा देखने में पक्षवत पत्रों के समान मालूम होती हैं। पत्ते दीर्घ वृत्ताकार, आयताकार होते हैं। फूल छोटे, पीले, हरे या सफेद, प्राय: 2-3 नर फूल एवं एक मादा फूल, पत्तों के कक्ष में लगते हैं। फल गोल, छोटे, आँवले की तरह होते हैं। बीज भूरे रंग के, रेखाओं से युक्त होते हैं।
- **प्राप्ति स्थान:** वर्षात में यह सर्वत्र पाया जाता है।
- **फूल तथा फल:** जुलाई से अक्टूबर तक लगते हैं।
- **औषधीय उपयोग:**

भूधात्री वातकृत्तित्ता कषाया मधुरा हिमा।
पिपासा कास पित्तास्रकफ कण्डूक्षता पहा।।

(भावप्रकाश)

(भुँई आँवला – तिक्त, कषाय एवं मधुर रसयुक्त, वातकारक, शीतवीर्य एवं तृषा, खाँसी, पित्त, रक्त, कफ, खुजली और क्षय को दूर करने वाला है।)

- इसके समूचे पौधे का काढ़ा मलेरिया में दिया जाता है।
- मूत्रमार्ग के विकारों तथा जलशोथ में इससे लाभ होता है। इससे मूत्र की मात्रा बढ़ती है तथा जलन कम होती है।
- पीलिया में इसकी एक तौला जड़ दूध में पीसकर दोनों समय देते हैं।
- इसके कोमल तने का फांट आंव में देते हैं।
- त्वचा रोगों में पत्तों को नमक के साथ पीसकर लगाते हैं।
- यह अजीर्ण, पेट दर्द, दस्त तथा पेचिश में दिया जाता है।
- ताजी जड़ या पौधे का काढ़ा या सूखी पत्तियों का चूर्ण मुख्य रूप से पीलिया में दिया जाता है।
- दूध के साथ मिलाकर महिलाओं को दूध बढ़ाने हेतु देते हैं।

भुंई आँवला (*Phyllanthus amarus* Schumach. & Thonn.)

83. मण्डूकपर्णी

- **वानस्पतिक नामः** सेंटेल्ला एसिआटिका [*Centella asiatica* (L.) Urb.]
- **कुलः** अपिएसिए (Apiaceae)
- **अन्यनामः** संस्कृत - मण्डूकपर्णी, माण्डूकी, बृह्मी, महोषधी
  हिन्दी - ब्राह्मी, ब्रह्ममण्डूकी, वेंगसाग
- **वितरणः** भारत वर्ष में नमस्थानों पर 6000 फीट की ऊँचाई तक पाई जाती है।
- **वर्णनः** यह जमीन पर फैलने वाला, कोमल पौधा है जिसकी प्रत्येक गाँठ से जड़, पत्ते तथा फूल निकलते हैं। पत्ते गोल, वृक्काकार, अखण्ड, परन्तु धार पर प्रायः गोल दन्तुर एवं लम्बे वृंत से युक्त होते हैं। गाँठों से कई पुष्पदण्ड एक साथ निकलते हैं जिनमें सवृंत, लाल रंग के फूल, संख्या में 3-5 लगे रहते हैं। फल चपटे होते हैं जिनमें चपटे बीज होते हैं।
- **प्राप्ति स्थानः** यह नदी तथा झरनों आदि के किनारे पाई जाती है।
- **फूल तथा फलः** नवम्बर से जुलाई तक आते हैं।
- **औषधीय उपयोगः** ब्राह्मी हिमा सरा तिक्ता लघुः मेधया च शीतला।

  कषाया मधुरा स्वादुपाकाअयुष्या रसायनी।।
  स्वर्या स्मृतिप्रदा कुष्ठपाण्डु मेहास्र कासजित् ।
  विषशोथ ज्वरहरी तद्वन्मण्डूकपर्णिनी ।।

  (भावप्रकाश)

(मण्डूक पर्णी के समस्त गुण जल नीम के समान है।)

- यह त्वचा के विकारों में अच्छी लाभदायक है। कुष्ठ, फिरंग, जीर्ण आमवात में पत्तों का स्वरस देते हैं। इसका चूर्ण घाव पर लगाते हैं तथा इसे खिलाते हैं।
- बच्चों के खूनी आँव में 2-4 पत्तों का स्वरस, जीरा एवं मिश्री के साथ पिलाते हैं तथा नाभि के नीचे लेप करते हैं।
- बच्चों का शब्दोच्चारण ठीक करने के लिये इसे चबाने को देते हैं।
- स्मर्णशक्ति बढ़ाने के लिये इसका चूर्ण दूध के साथ दिया जाता है।
- बच्चों की स्मृति बढ़ाने के लिये 3-4 ताजा पत्तों को काली मिर्च के साथ खिलाते हैं।
- पौधे का अर्क बुखार में दिया जाता है।
- पत्तों को पीसकर 2-3 चम्मच रस को खाली पेट 2-3 दिन तक देने से पेचिश ठीक हो जाती है।
- पत्तों को अदरक तथा काली मिर्च के साथ उबालकर काढ़े को खाँसी में देते हैं।

- पत्तों के रस को माथे पर सिरदर्द में रगड़ते हैं।
- पत्तों का चूर्ण दूध के साथ स्मृति वृद्धि के लिये लाभकारी माना जाता है।
- त्वचारोगों में पत्तों का रस, कदम्ब की छाल तथा काला जीरा का लेप लगाया जाता है।

मण्डूकपर्णी [*Cẹntella asiatica* (L.) Urb.]

❖ ❖ ❖

84. मकोय

- **वानस्पतिक नाम:** सोलानुम अमेरिकानुम (*Solanum nigrum* L.)
- **कुल:** सोलानेसिए (Solanaceae)
- **अन्यनाम:** संस्कृत – काकमाची, काकाह्वा, बायसी
  हिन्दी – मकोय
  अंग्रेजी – Garden Night Shade (गार्डन नाइट शेड)
  Black Night Shade (ब्लैक नाइट शेड)
- **वितरण:** समस्त भारत वर्ष के छायायुक्त नम स्थानों में 7000 फीट की ऊँचाई तक पाई जाती है।
- **वर्णन:** यह शाखायुक्त, एक से डेढ़ फीट ऊँचा, एकवर्षीय पौधा है जिसकी शाखाओं पर उमरी हुई रेखायें होती हैं। पत्ते लहरदार या कभी-कभी दन्तुर या खण्डित, लट्वाकार, प्रासवत्-लट्वाकार, 2-3 इंच लम्बे एवं 1.5 इंच चौड़े होते हैं तथा उनका फलक प्राय: वृंत पर नीचे तक फैला रहता है। फूल छोटे, सफेद, पत्तों के कक्ष से हटकर निकले हुये पुष्पदण्डों पर 3-8 के गुच्छों में निकलते हैं। फल गोल और पकने पर लाल, काले या बैंगनी हो जाते हैं। बीज छोटे, चिकने, पीले रंग के होते हैं।
- **प्राप्ति स्थान:** नदी, नालों, परती जमीन की नम भूमि व छायादार स्थानों में पाई जाती है।
- **फूल तथा फल:** जनवरी से जून तक आते हैं।
- **औषधीय उपयोग:**

काकमाची त्रिदोषधनी स्निग्धोष्णा स्वरशुक्रदा ।।
तिक्ता रसायनी शोथकुष्ठार्शो ज्वरमेहजित्।
कटुर्नेत्रहिता हिक्काच्छर्दि हृद्रोग नाशिनी ।।

(भावप्रकाश)

(मकोय- तिक्त तथा कटुरस युक्त, त्रिदोष नाशक, स्निग्ध, उष्ण, स्वर को ठीक करने वाली, शुक्र जनन, रसायन, नेत्र के लिये हितकर एवं शोथ, कुष्ठ, बबासीर, ज्वर, प्रमेह, हिक्का, वमन, व हृदयरोग को दूर करने वाली होती है।)

- जीर्ण यकृतवृद्धि, बवासीर, उदर, चर्मरोग तथा आँव आदि यकृत विकार के कारण होने वाले रोगों में इसका 10-20 ग्राम स्वरस देने से लाभ होता है। इससे शौच साफ़ होता है तथा मूत्र द्वारा भी दोष निकलते हैं।
- पुराने चर्म रोगों विशेषकर कण्डू (खाज), सोरिएसिस तथा दाद में इसका कोमल तना एवं पत्तों की भाजी खिलाते हैं तथा पत्तों का लेप भी करते हैं।
- किसी भी प्रकार के शोथ में इसका वाह्यांन्तर प्रयोग लाभदायक है।

- जलशोथ में इसका स्वरस अधिक मात्रा में दिया जाता है।
- मुख तथा गले के रोगों में इसके काढ़े से कुल्ला करते हैं।
- कान दर्द में इसका रस गरम करके डालते हैं।
- फलों का स्वरस 6–8 ग्राम यकृत वृद्धि के उपचार में देते हैं।
- फलों का स्वरस थूक में खून आना, बवासीर तथा पेचिश में भी दिया जाता है।

मकोय (*Solanum nigrum* L.)

85. ममरी

- **वानस्पतिक नामः** ओसिमुम अमेरिकानुम (*Ocimum americanum* L.) (syn. *O. canum* Sims)
- **कुलः** लामिएसिए (Lamiaceae)
- **अन्यनामः** संस्कृत - अजाका, गंभीरा

  हिन्दी - वन तुलसी, ममरी, नगद वापची, नगद गोमची, जंगली तुलसी, काली तुलसी

  अंग्रेजी - होरी बेसिल (Hoary Basil)
- **वितरणः** भारत वर्ष के प्रायः सभी प्रान्तों में पाई जाती है।
- **वर्णनः** यह सीधा, बहुशाखित, रोंयदार, एकवर्षीय, सुगंधित पौधा होता है, जिसका तना चतुष्कोंणीय तथा रोमिल होता है। पत्तियाँ दीर्घवृत्तीय या दीर्घ वृत्तीय-भालाकार, अछिन्न, उप कुंठदन्ती, ग्रंथिल एवं सुगंधित होती हैं। फूल सफेद होते हैं जो शाखाओं के अंत में मंजरी में लगते हैं। बीज काले रंग के होते हैं।
- **प्राप्ति स्थानः** परती भूमि, सड़कों के किनारे, खेतों की मेंड़ों इत्यादि स्थानों में पाया जाता है।
- **फूल तथा फलः** अगस्त से दिसंबर तक आते हैं।
- **औषधीय उपयोगः**

- जले, कटे स्थान, मधुमक्खी काटने के स्थान एवं घाव में पत्तियों का लेप लगाते हैं।
- खाँसी एवं जुकाम में पत्तियों तथा कालीमिर्च का काढ़ा पिलाने से लाभ होता है।
- बीजों को रात पानी में भिगोकर सुबह खाने से मधुमेह में लाभ होता है।
- पत्तियों का लेप शहद के साथ मिलाकर खूनी बवासीर में देते हैं। कब्ज में भी देने से लाभ होता है।
- पत्तियों को रोजाना सुबह खाली पेट खाने से स्वास्थ्य ठीक रहता है।
- पेट दर्द में 3 चम्मच पत्तियों का काढ़ा देने से आराम मिलता है।
- एक ग्राम पत्ती का रस 3 काली मिर्च के साथ देने से अजीर्ण ठीक होती है।
- पत्तियों का रस सरसों के तैल में मिलाकर पकाकर तैल से आमवात में मालिश करते हैं।
- वाइरल बुखार में पत्तियों का काढ़ा नमक के साथ दिन में दो बार 7 दिन तक देने से ठीक हो जाता है।
- अस्थमा में पत्ती का रस शहद के साथ देने से लाभ होता है।
- मूत्र विकारों में इसकी पत्ती का रस दिया जाता है।

ममरी (*Ocimum americanum* L.)

86. मरोड़फली

- **वानस्पतिक नामः** हेलिक्टेरेस इसोरा (*Helicteres isora* L.)
- **कुलः** मालवेसिए (Malvaceae)
- **अन्यनामः** संस्कृत – आवर्त्तनी, आवर्त्तमाला
हिन्दी – मरोड़फली, मरोरुली, ऐंठनी
अंग्रेजी – Indian Screw Tree (इंडियन स्क्रू-ट्री)
- **वितरणः** समस्त भारत वर्ष में विशेषतः पश्चिम तथा मधय भारत के शुष्क वनों में पाई जाती है।
- **वर्णनः** यह बहुशाखित झाड़ी या छोटा वृक्ष होता है। पत्ते फालसे की तरह अभिलट्वाकार, विषम, आरावत दंतुर, ऊपर से खुरदरे तथा नीचे मृदुरोमश होते हैं जिनमें 5-7 पाणिवत शिरायें होती हैं। फूल टेढ़े, अनियमिताकार, लाल रंग के होते हैं जो अक्ष में 2-3 एक साथ निकलते हैं। फल 1-2 इंच लम्बे, ऐंठे हुये, पाँच खण्ड युक्त होते हैं जो पाँच स्त्रीकेशरों से बने होते हैं।
- **प्राप्ति स्थानः** वनों में अत्यधिक मात्रा में पाई जाती है।
- **फूल तथा फलः** फूल अप्रैल से दिसम्बर तथा फल अक्टूबर से जून तक लगते हैं।
- **औषधीय उपयोगः**

आवर्तनी लघुः शीता कषाया त्वतिसारनुत्।
बलासपित्तशूलास्त्र कृमिरोग विनाशिनी ।।

(द्रव्यगुण विज्ञान)

(मरोड़फली- लघु, शीत, कषाय, अतिसार, पित्त, शूल तथा कृमि का नाश करने वाली होती है)

- इसकी छाल या फल का काढ़ा दस्त तथा पेचिश में बहुत लाभदायक है।
- पेट की बीमारियों में फल या छाल का चूर्ण भूनकर लगभग तीन माशे की मात्रा में घी एवं शक्कर के साथ दिया जाता है।
- इसकी जड़ की छाल का काढ़ा मधुमेह में दिया जाता है।
- खुजली में इसके फल को घिसकर लेप करने से लाभ होता है।
- रक्तस्राव एवं घावों में फल के चूर्ण को छिड़कते हैं।
- पेट दर्द में इसके फलों के 2-3 ग्राम चूर्ण को दिन में दो बार, दो दिन तक देने से लाभ होता है।
- मरोड़फली तथा बायबिडंग का काढ़ा बनाकर 2-2 चम्मच सुबह-शाम पिलाने से पेट के कीड़े मर जाते हैं।

मरोड़फली (*Helicteres isora* L.)

❖ ❖ ❖

87. महुआ

- **वानस्पतिक नामः** माधूका लोंगिफोलिआ [*Madhuca longifolia* (J. Koenig ex L.) J. F. Macbr.] (syn. *M. indica* J.F. Gamel)
- **कुलः** सपोटेसिए (Sapotaceae)
- **अन्यनामः** संस्कृत - मधूक, गुड़पुष्प, मधुपुष्प, वानप्रस्थ
  हिन्दी -महुआ, महुवा
- **वितरणः** यह समस्त भारत वर्ष में 4000 फीट की ऊँचाई तक पाया जाता है।
- **वर्णनः** यह बड़ा तथा पर्णपाती वृक्ष होता है। पत्ते 5-9 इंच लम्बे, चर्ववत, दीर्धव्रत्ताभ या आयताकार-दीर्धव्रत्ताभ, 10-12 शिराओं से युक्त, शाखाओं के अग्र पर एक साथ गुच्छों में लगे रहते हैं। फूल पीले - सफेद, मांसल, रसमय, मादक, शाखाओं के अन्त में आते हैं। फल अण्डाकार, 1-2 इंच लम्बे, नुकीले, हरे-पीले रंग के होते हैं जिनमें 1-4 गहरे भूरे रंग के चमकीले बीज होते हैं।
- **प्राप्ति स्थानः** वनों में यह बहुतायत में पाया जाता है।
- **फूल तथा फलः** फूल मार्च से अप्रैल तक तथा फल जून से जुलाई तक लगते हैं।
- **औषधीय उपयोगः**

मधूकपुष्पं मधुरं शीतलं गुरू वृहणम्।
बलशुक्रकरं प्रोक्तं वातपित्त विनाशनम्।।
फलं शीतं गुरू स्वादु शुक्रलं वातपित्तनुत्।
अहृद्यं हन्ति तृष्णाअस्रदाहश्वासक्षतक्षयान्।।

(भावप्रकाश)

(महुआ के फूल-मधुर, शीतल, गुरू, बृंहण (रसरक्तादि वर्धक) बल तथा शुक्र जनक एवं वात और पित्त को दूर करने वाले होते हैं। फल-स्वादिष्ट, शीतल, गुरू शुक्रजनक, हृदय के लिए अहितकर, वात तथा पित्त को दूर करने वाले एवं तृषा, रक्तविकार, दाह, श्वास, क्षत और क्षय नाशक होते हैं।)

- इसके फूलों का काढ़ा बुखार तथा खाँसी में देते हैं। अण्डशोथ (अण्डकोष की सूजन) में फूलों से सेकते हैं। इनको घी में भूनकर बवासीर में देते हैं।
- इसकी छाल का काढ़ा खुजली और जोड़ों के दर्द में उपयोग किया जाता है।
- महुआ के बीजों का तैल आमवात तथा चर्मरोगों में लगाया जाता है। यह बवासीर तथा कब्ज में विरेचक के रूप में दिया जाता है।
- महुआ के फूलों से मदिरा बनाई जाती है।
- महुआ के फल को भूनकर नमक या गुड़ के साथ खाएं, यह अत्यंत पोशक आहार है।

- इसके सूखे फूलों को गेहूँ के आटे में गूदकर रोटी बनाकर मक्खन के साथ खाने से कमजोरी दूर होती है।
- सूखे फूलों की खीर बनाकर खाना स्वास्थ्य के लिए लाभदायक होता है।
- ताजे फूलों को रगड़ कर एड़ी में बिमाई फटने पर लगाने से ठीक हो जाती हैं।
- पत्तियों का घी में गर्म हरके हाइड्रोसील में बांधते हैं।
- फूलों से विभिन्न प्रकार के पकवान बनाए जाते हैं।

महुआ [*Madhuca longifolia* (J. Koenig ex L.) J. F. Macbr.]

88. मीठी नीम

- **वानस्पतिक नाम:** बेरजेरा कोइनिगिई (*Bergera koenigii* L.) [syn. *Murraya koenigii* (L.) Spreng.]
- **कुल:** रुटेसिए (Rutaceae)
- **अन्यनाम:** संस्कृत – गिरिनिम्बा
  हिन्दी – मीठीनीम, कढ़ी पत्ता
- **वितरण:** भारत वर्ष के लगभग सभी प्रदेशों में पाया जाता है।
- **वर्णन:** यह सुन्दर, सुगन्धित, 6 मीटर तक ऊँची झाड़ी या छोटा वृक्ष होता है। पत्तियाँ विषम पिच्छकी होती हैं जिनमें 9 से 25 पर्णक होते हैं। पर्णक अण्डाकार, भालाकार या पतंगाकार, नुकीले या कुंठाग्र, आधार पर तिरछे तथा सुगंधित होते हैं। फूल सफेद व सुगंधित होते हैं जो अंतस्थ छत्राकार पुष्पक्रम में लगे रहते हैं। फल गोल या दीर्घवृत्ताकार, पकने पर बैंगनी काले रंग के हो जाते हैं।
- **प्राप्ति स्थान:** वनों के छायादार स्थानों में पाया जाता है तथा इसे उद्यानों एवं गृह उद्यानों में भी उगाया जाता है।।
- **फूल तथा फल:** दिसंबर से जून तक लगते हैं।
- **औषधीय उपयोग:**

- 20 ग्राम पत्तियों का काढ़ा दस्त, पेचिश तथा मलेरिया में देने से लाभ होता है।
- उल्टी होने पर पत्तियों का रस पिलाने से उल्टी बंद हो जाती है।
- पत्तियों का लेप फोड़ा-फुंसी एवं अन्य त्वचा रोगों पर लगाने से आराम मिलता है।
- जड़ पीसकर रस को गुर्दे के दर्द में देने से लाभ होता है।
- पत्तियों में विटामिन ए की प्रचुर मात्रा पाई जाती है।
- पत्तियों का उपयोग टॉनिक एवं क्षुधा वर्धक के रूप में किया जाता है।
- पत्तियों का उपयोग भोजन को स्वादिष्ट बनाने हेतु कढ़ी, रायता, पोहा, सूप, चटनी, अचार तथा सांभर इत्यादि में किया जाता है जिससे पाचन क्रिया ठीक रहती है।
- जल जाने पर पत्तियों का का लेप लगाने से जलन ठीक हो जाती है।
- जहरीले कीड़े या जानवर के काटने पर पत्तियों का लेप लगाया जाता है।

मीठीनीम [*Murraya koenigii* (L.) Spreng.]

❖ ❖ ❖

89. मुण्डी

- **वानस्पतिक नामः** स्फेरांथुस इंडिकुस (*Sphaeranthus indicus* L.)
- **कुलः** अस्टेरेसिए (Asteraceae)
- **अन्यनामः** संस्कृत - मुण्डी, श्रावणी
  हिन्दी - मुण्डी, गोरखमुण्डी
- **वितरणः** भारतवर्ष के प्रायः सभी गरम प्रान्तों में हिमालय में 5000 फीट की ऊँचाई तक पायी जाती है।
- **वर्णनः** यह जमीन पर फैलने वाला, सुगंधित, अनेक शाखाओं से युक्त, एकवर्षीय पौधा है, जिसकी शाखायें कोमल रोंयेदार तथा सपक्ष होती हैं। पत्ते अंवृत, अभिलट्वाकार, दन्तुर, मृदुरोमश तथा 1-2 इंच लम्बे होते हैं। मुण्डक पत्राभिमुख, अन्त्य तथा बैंगनी रंग के होते हैं।
- **प्राप्ति स्थानः** यह सूखे गड्डों, तालाबों, धान के खेतों आदि में मिलती है।
- **फूल तथा फलः** नवम्बर से मार्च तक आते हैं।
- **औषधीय उपयोगः**

मुण्डी तिक्ता कटुः पाके वीर्योष्णा मधुरा लघुः ।
मेध्या गण्डापचीकृच्छ कृमियोन्यर्त्ति पाण्डुनुत्।।
श्लीपदा रूच्यपस्मार प्लीहमेदो गुदार्तिहृत।

(भावप्रकाश)

(मुण्डी- विपाक के कटु, स्वाद में मधुर रसयुक्त, उष्णवीर्य, लघु, मेघा के लिये हितकर एवं गलगंड, अपची, मूत्रकृच्छ, कृमिरोग, योनिरोग, पाण्डु, श्लीपद, अरूची, अपस्मार (मिर्गी), प्लीहा, मेदरोग तथा गुदा संबंधी पीड़ा (बवासीर) को दूर करने वाली होती है।)

- त्वचा रोगों में इसका लेप करते हैं तथा इसके काढ़े को पिलाते हैं।
- वातरक्त में फूल का चूर्ण शहद तथा घी के साथ देते हैं तथा अनुपान में गिलोय का काढ़ा पिलाते हैं।
- ग्रंथि, गण्डमाला, अपची, कमजोरी, श्लीपद (फीलपाँव), बवासीर आदि जीर्ण रोगों में इसको अधिक देने से लाभ होता है। इनमें इसका 1-2 तौला स्वरस देते हैं। मूत्रेन्द्रिय विकार में इससे लाभ होता है। सम्पूर्ण मूत्रमार्ग का शोधन होकर बार-बार पेशाब आना कम होती है।
- सिरदर्द विशेषकर आधासीसी में कालीमिर्च के साथ पीसकर स्वरस पीते हैं।
- जड़ का चूर्ण टोनिक के रूप में दिया जाता है।
- जड़ पीसकर मट्ठा मिलाकर देने से बवासीर में लाभ होता है।

- पौधे को पानी के साथ पीसकर रस को रक्त रोधक के रूप में उपयोग करते हैं।
- ताजे पत्तों के रस को दूध तथा मिश्री के साथ उबालकर खाँसी में देने से लाभ होता है।

मुण्डी (*Sphaeranthus indicus* L.)

90. मूसाकानी

- **वानस्पतिक नामः** मेर्रेमिआ इमार्जिनाटा [*Merremia emarginata* (Burm. f.) Hallier f.]
- **कुलः** कोनवोलवुलेसिए (Convolvulaceae)
- **अन्यनामः** संस्कृत – आखुकर्णी, मूर्षिककर्णी, मूसाकर्णी
  हिन्दी – मूसाकानी, चूहाकानी, चूहाकन्नी
- **वितरणः** प्रायः सभी प्रान्तों में पाई जाती है।
- **वर्णनः** यह जमीन पर फैलने वाला एक वर्षीय पौधा है जिसकी प्रायः प्रत्येक गाँठ से जड़ निकलकर फैलती है। पत्ते वृक्काकार, आधे से एक इंच के घेरे में, लम्बाई की अपेक्षा चौड़ाई में अधिक, दन्तुर एवं गोल होते हैं। फूल छोटे तथा पीले रंग के आते हैं। फल प्रायः गोलाकर द्विकोष्ठीय होते हैं। बीज छोटे, चिकने, गहरे भूरे या काले होते हैं।
- **प्राप्ति स्थानः** नम भूमि में खेत की मेड़ों तथा घास के मैदानों में उगती है।
- **फूल तथा फलः** सितम्बर से दिसम्बर तक आते हैं।
- **औषधीय उपयोगः** आखुकर्णी कटुस्तिक्ता कषाया शीतला लघुः।
  विपाके कटुका मूत्रकामय कृमि प्रणुत्।।
  (भावप्रकाश)

(मूसाकानी- कटुतिक्त तथा कषाय रसयुक्त, शीतल, लघु, विपाक में कटु रसयुक्त एवं मूत्र तथा कफ संबंधी रोग और कृमि को दूर करने वाली होती है।)

- कान दर्द में इसका स्वरस गरम करके डालते हैं।
- चरक ने कृमिरोग में इसके प्रयोग का विधान इस प्रकार बतलाया है–मूषाकर्णी के स्वरस में लाल चावल का आटा सानकर रोटी बना लें और उसमें बिडंगतैल तथा नमक मिलाकर रोगी को खाने को दें।
- कुष्ठ आदि चर्म रोगों में इसे पीसकर पिलाते हैं तथा लेप भी करते हैं।
- चूहा, सांप आदि के काटने पर इसका स्वरस पिलाते हैं तथा इसका लेप काटे स्थान पर करते हैं।
- रस को कान में फोड़ा होने पर भी डालते हैं।
- पौधे का काढ़ा खाँसी, सिरदर्द तथा आमवात में लाभकारी होता है।
- पत्तों के चूर्ण की मिर्गी में धूनी दी जाती है।
- पौधे का रस आधासीसी सिर दर्द में पिलाया जाता है।
- पौधे को पीसकर सूजन पर लगाते हैं।

मूसाकानी [*Merremia emarginata* (Burm. f.) Hallier f.]

❖ ❖ ❖

91. मेंहदी

- **वानस्पतिक नाम:** लावसोनिआ इनेर्मिस (*Lawsonia inermis* L.)
- **कुल:** लीथ्रेसिए (Lythraceae)
- **अन्यनाम:** संस्कृत - मदयन्तिका

  हिन्दी - मेंहदी

  अंग्रेजी - Henna (हिन्ना)
- **वितरण:** समस्त भारत वर्ष में बाड़ के रूप में लगाई जाती है।
- **वर्णन:** यह बड़ी, चिकनी एवं शाखायुक्त झाड़ी होती है जिसकी शाखाओं का अंत एक काँटे के रूप में होता है। पत्ते भालाकार या अण्डाकार, वृंतहीन व अभिमुख होते हैं। फूल सुगंधित, सफेद-पीले व शीर्षस्थ पिरामिड सदृश बड़ी मंजरियों में लगते हैं। फल गोलाकार होते हैं जिनके भीतर छोटे-छोटे, चिकने अनेक बीज होते हैं।
- **प्राप्ति स्थान:** यह बाड़ के रूप में लगी हुई पाई जाती है तथा कभी-कभी इसे हाथ में रचाने के निमित्त घरों में लगाते हैं।
- **फूल तथा फल:** अप्रैल से अक्टूबर तक आते हैं।
- **औषधीय उपयोग:**

मदयन्ती लघु रूक्षा कषाया तिक्तशीतला।
कफ पित्तप्रशमनी कुष्ठधनी सा प्रकीर्तिता।।
निहन्ति ज्वरकण्डूतिदाहास्टक पित्त कामला:।
रक्तातीसार हृद्रोग मूत्रकृच्छ भ्रम व्रणानि्।

(द्रव्यगुण विज्ञान)

(मेंहदी - लघु, रूक्ष, कषाय, तिक्त, शीत, कफ-पित्त शामक, तथा कुष्ठनाशक है। यह ज्वर, कण्डू, दाह नाशक, तृष्णाहर, पित्त रोग, कामला, रक्तातिसार, हृदयरोग मूत्रकृच्छ, भ्रम तथा व्रण को ठीक करती है।

- सिरदर्द, जोड़ों का दर्द तथा हाथ पैर की जलन में पत्तों का लेप करते हैं।
- सूजन, चोट, कटना तथा घाव में पत्तों का लेप लगाने से सूजन कम होती है, रक्त बंद होता है, दर्द कम होता है तथा घाव जल्दी भरता है।
- कुष्ठ तथा चर्मरोगों में पत्तों का लेप लाभदायक होता है।
- मुख तथा गले के रोगों में इसके काढ़े का कुल्ला करते हैं।
- बालों को काला करने के लिए पत्तों का लेप लगाते हैं।
- पेचिश तथा खूनी पेचिश में बीजों का चूर्ण तथा पीलिया में पत्तों का रस देते हैं।

- मूत्र संबंधी विकारों में पत्तों का रस शक्कर या मिश्री मिलाकर देते हैं इससे पेशाब साफ होता है, उसकी जलन कम होती है और मूत्रमार्ग ठीक होता है।
- नकसीर फूटते ही मेंहदी के ताजा पत्तों का 3-3 बूँद रस नाक में टपकाने से रक्तस्राव रुक जाता है।
- एक चम्मच मेंहदी पाउडर एक गिलास पानी में डालकर सिर धोने से रुसी कम हो जाती है।
- जले हुये अंग पर मेंहदी पाउडर को शहद में मिलाकर लेप करने से जलन तत्काल शान्त होती है तथा फफोले भी नहीं पड़ते हैं।

मेंहदी (*Lawsonia inermis* L.)

❖ ❖ ❖

92. मोरपंखी

वानस्पतिक नामः अक्टिनिओप्टेरिस राडिआटा खबजपदपवचजमतपे तंकपंजं (ैण) स्पदा,

कुलः प्टेरिडेसिए (च्जमतपकंबमंम)

अन्यनामः संस्कृत-मयूरशिखा, नीलकंण्ठ शिखा

हिन्दी - मोरपंखी, मोरशिखा

वितरणः भारतवर्ष के सभी प्रांतों में, शुष्क पहाड़ी स्थानों में 4000 फीट तथा नीलगिरी पर 2000 फीट की ऊँचाई तक पाई जाती है।

वर्णनः यह 3-7 इंच ऊँचा, बहुत सुन्दर पौधा होता है जो छोटे ताड़ की तरह दिखाई देता है। प्रकंद सीधा तथा शलकों से ढका रहता है। पत्ते 1-1.5 इंच व्यास के तालपत्र की तरह, लम्बे पतले पत्रदण्ड पर लगते हैं, जो मयूर शिखा की तरह दिखलाई देते हैं। बीजाणु पत्तों की निचली सतह पर प्रचुर मात्रा में लगते हैं।

प्राप्ति स्थान : वनो में पत्थरों की दरारों में उगता है ।

ूल तथा फल : बीजाणु अक्टूबर से नवम्बर तक आते हैं।

औषधीय उपयोग : नीलकंण्ठशिखा लधवी पितश्लेष्मातिसारजित्।।

द्धभावप्रकाशत्र्

द्धमोरपंखी - लघु एवं पित्त, क्फ तथा अतिसार को नष्ट करने वाली होती है।त्र्

पौधे को पीसकर फोडे-ुंसी, पेट दर्द एवं तपेदिक तथा म्यादीबुखार में बहुत लाभदायक है।

यह जनन शक्ति रोधक औषधि के रूप में, घाव का सड़ना रोकने एवं रक्त रोधक के रूप में उपयोग की जाती है।

पौधे को पीसकर लेप को कटे स्थान एवं घाव में लगाने से ठीक हो जाते हैं।

पौधे को पीसकर स्वरस को शक्कर के साथ पिलाने से पेट के कीड़े मर जाते हैं।

स्वरस दिन में दो बार बच्चों को सूखा रोग में देते हैं।

पौधे को रात भर पानी में भिगोकर सुबह पीसकर स्वरस को मिश्री मिलाकर सुबह 21 दिन तक देने से वीर्य वृ) एवं वीर्य पुष्ट होता है।

20 ग्राम पौधों को रात भर पानी में भिगोकर सुबह पीसकर स्वरस को गाय के दूध या शहद के साथ सुबह 21 दिन तक देने से महिलाओं में मासिक धर्म की अनियमितता तथा रक्तप्रदर में लाभ मिलता है।

उल्टी एवं दस्त में स्वरस को गाय के दूध के देने से आराम होता है।

मोरपंखी [*Actiniopteris radiata* (Sw.) Link]

93. रेंड़ी

- **वानस्पतिक नामः** रिसिनुस कोम्मुनिस (*Ricinus communis* L.)
- **कुलः** एउफोर्बिएसिए (Euphorbiaceae)
- **अन्यनामः** संस्कृत - एरण्ड, गन्धर्वहस्त, पंचागुल, दीर्धदण्ड
  हिन्दी - रेंड़ी, एरण्ड, अण्डी, एरंडी
  अंग्रेजी - Caster Oil Plant (कैस्टर, ऑइल प्लान्ट), Caster (कैस्टर)
- **वितरणः** समस्त भारतवर्ष में 7000 फीट की ऊँचाई तक पाया जाता है। अधिकतर इसकी खेती की जाती है।
- **वर्णनः** यह वहुबर्षीय, चिकना, खड़ा पौधा होता है जो कभी-कभी झाड़ीदार या छोटे वृक्ष के समान हो जाता है। पत्ते एकान्तर, चौडे, हस्ताकार, खंडित खण्ड 5 से 11 एवं खण्डों के किनारे दंतुर होते हैं। पत्रवृंत 4-12 इंच लम्बा होता है। फूल एक लिंगी होते हैं। पुष्प दंण्ड में ऊपर की ओर मादा पुष्प तथा नीचे की ओर नर पुष्प होते हैं। फल गोल, सघन, गुम्बजदार लगते हैं तथा उनपर कोमल-कोमल काँटे से होते हैं। प्रत्येक फल में तीन-तीन बीज होते हैं। बीज आयताकार, चिकने, चमकीले अनेक वर्ण के तथा चितकबरे होते हैं।
- **प्राप्ति स्थानः** यह अपने आप ही मैदानों, सड़कों के किनारे, एवं खाली जमीन में उत्पन्न हुआ पाया जाता है।
- **फूल तथा फलः** दिसम्बर से मई तक आते हैं।
- **औषधीय उपयोगः**

एरंड युग्मं मधुर मुष्णं गुर विनाशयेत्।
शूलशोथ कटी बस्ति शिरः पीडोदर ज्वरान।।
ब्रधन श्वास कानाह कास कुष्ठममारूतान्।।

(भावप्रकाश)

(दोनों रेंडी लाल और सफेद -मधुर रसयुक्त, उष्णवीर्य तथा गुरू होते हैं एवं दोनों शूल, शोथ, एवं कटि, बस्ति तथा सिर की पीड़ा, उदररोग, ज्वर, ब्रधननामक रोग, श्वास, कफ, अनाह, खाँसी, कुष्ठ और आमवात इन सबों को दूर करते हैं।)

- एरंड तैल बहुत अच्छा विरेचक द्रव्य है। बाल, बृद्ध, स्त्री, गर्भिणी एवं प्रसूता के लिये तथा अर्श विकार, गुद विकार, उदरावरण शोथ, जीर्ण बिबंध तथा ज्वर जन्य विबन्ध आदि अवस्थाओं के लिये यह उत्तम विरेचक है।
- अजीर्ण जन्य दस्त विशेषकर बच्चों में होने वाले दस्त में इससे लाभ होता है। तैल को सुबह खाली पेट अदरक के रस के साथ दिया जाता है। सोंठ के फांट के साथ या गर्म चाय, कॉफी आदि के साथ भी दे सकते हैं। प्रायः 2 तौला की मात्रा मृदु विरेचन के लिए पर्याप्त होती है। नवजात शिशु के लिए छोटे चाय के चम्मच के बराबर देना चाहिए।

- कटिशूल (कमरदर्द) गृध्रसी, हृदयशूल, आमवात एवं संधिशोथ में इसकी जड़ का काढ़ा सोंठ के साथ पिलाने से लाभ होता है। हालिया तथा जीर्ण आमवात में रोज सुबह इसके तैल का प्रयोग लाभदायक है।
- स्तनों पर इसके तैल को मर्दन कर ऊपर से अण्डी के पत्ते बाँधने से उसमें की गाँठें विलीन होकर स्तन्य बृद्धि होती है।
- आँख में कोई चीज चली जाने पर स्वच्छ तैल डालने से वह निकल जाती है तथा आँखों की खुरखुराहट दूर होती है।
- बवासीर में अण्डी का तैल तथा घृतकुमारी (ग्वारपाठा) का रस मिलाकर लगाने से जलन कम होती है।
- शिर दर्द में अण्डी के तैल की मालिश से लाभ होता है।
- पत्तों को पीसकर लेप को सिर दर्द में सिर पर लगाते हैं तथा लेप को फोड़ों पर भी लगाते हैं।
- हरे पत्ते पीसकर लुगदी बनाकर गुदा पर रखकर बाँधने और सोते समय एरण्ड तेल दूध में डालकर पीने से कुछ दिनों में बवासीर ठीक हो जाती है ।
- बीजों को पीसकर गर्म करके सूजन पर बाँधने से सूजन मिट जाती है ।

रेंड़ी (*Ricinus communis* L.)

94. लाल इंद्रायन

- **वानस्पतिक नाम:** ट्रिकोसांथेस ब्राक्टेआटा [*Trichosanthes bracteata* (Lam.) Voigt]
- **कुल:** कुकुरबिटेसिए (Cucurbitaceae)
- **अन्यनाम:** संस्कृत - विशाला, महाकाल

  हिन्दी - लाल इंद्रायन, महुरार, महर, कोंहरी
- **वितरण:** भारत वर्ष के प्राय: सभी प्रान्तों में खुले हुए शुष्क स्थानों में पाई जाती है।
- **वर्णन:** इसकी लता आरोही व छूने में कर्कश होती है जिसकी शाखएं लम्बी एवं नीचे की ओर लटकी होती हैं। तंतु 3 शाखाओं वाले होते हैं। पत्तियाँ कर्कश, प्राय: हस्ताकार, 3-5 खण्डों में विभक्त होती हैं एवं खण्ड दंतुर होते हैं। पत्तियों के अधर तल पर फैली हुई गाढ़े रंग की ग्रन्थियाँ होती हैं। फूल सफेद रंग के होते हैं। नर जाति के फूल गुच्छे में एवं मादा जाति के फूल एकल आते हैं। फल गोलाकार, चिकने, 10 नारंगी रंग की धारियों से युक्त होते हैं। पकने पर लाल रंग के हो जाते हैं।
- **प्राप्ति स्थान:** वनों में झाड़ियों एवं वृक्षों पर चढ़ी हुई पाई जाती है।
- **फूल तथा फल:** जुलाई से दिसंबर तक आते हैं।
- **औषधीय उपयोग:**

• विभिन्न प्रकार के घावों पर इसकी जड़ घिसकर लेप लगाते हैं।

• इसके फल से सिद्ध गरी का तैल कान में डालने से कान दर्द ठीक होता है। सिर दर्द में भी उपयोग करते हैं।

• कुकुर खाँसी, डिप्थेरिया एवं गले के शोथ में इसके फल का छिलका या जड़ की छाल को थोड़ा सा चिलम में रखकर धूम्रपान कराते हैं जिससे उल्टी होकर कफ निकल जाता है।

• फल के छिलके को पीसकर लेप को गले की सूजन पर लगाते हैं।

• फल का हलका गुनगुना लेप काँख में कखेरी होने पर लगाते हैं।

• फल के छिलके के लेप को सरसों के तैल में पकाकर तैल को जोड़ों के दर्द में उपयोग करते हैं।

• फल का छिलका, दियासलाई की तीली का पोटाश, 10 चूहे की लेंड़ी तथा सरसों के बीज के साथ पीसकर लेप को जोड़ों के दर्द में लगाने से लाभ होता है।

• 5 बीजों को पानी के साथ पीसकर लेप को पेट की सूजन में देते हैं।

लाल इंद्रायन [*Trichosanthes bracteata* (Lam.) Voigt]

❖ ❖ ❖

95. शंखपुष्पी

- **वानस्पतिक नामः** कोनवोलवुलुस प्रोस्ट्राटुस (*Convolvulus prostratus* Forssk.) (syn. *C. microphyllus* Sieber ex Spreng.)
- **कुलः** कोनवोलवुलेसिए (Convolvulaceae)
- **अन्यनामः** संस्कृत - शंखपुष्पी, क्षीरपुष्पी, मांगल्यकुसुमा
  हिन्दी - शंखाहुली, शंखपुष्पी, शखौली
- **वितरणः** समस्त भारत वर्ष में विशेषतः पथरीले और परती मैदानों में पाई जाती है।
- **वर्णनः** यह जमीन पर फैलने वाला, बहुवर्षीय, रोंयेदार पौधा है जिसका मूलस्तम्भ काष्ठीय होता है। पत्ते रेखाकार या निचले भाग में अभिप्रासवत् होते हैं। फूल सफेद या हल्के गुलाबी, 1-3 भागों में विभक्त पत्रकोणीय पुष्प दण्ड पर लगते हैं। बाह्यदल रेखाकार प्रासवत, रोमश तथा अन्तर्दल कुप्पी के आकार का और बाहर से रोमयुक्त होता है। फल अण्डाकार होता है।
- **प्राप्ति स्थानः** यह रेतीली तथा शुष्क भूमि में सर्वत्र पायी जाती है।
- **फूल तथा फलः** मार्च से जून तक लगते हैं।
- **औषधीय उपयोगः**

शंखपुष्पी सरा मेधया वृष्या मानसरोगहृत।।
रसायनी कषायोष्णा स्मृति कान्ति बलाग्निदा।
दोषापस्मार भूताश्री कुष्ठ क्रिमी विष प्रणुत्।।

(भावप्रकाश)

(शंखाहुली - कषाय रसयुक्त, उष्णवीर्य, सारक, मेधा के लिये हितकर, वृष्य, मानसरोग को दूर करने वाली रसायन, स्मृतिशक्ति, कान्ति, बल, जठराग्नि इन सबों को बढ़ाने वाली एवं दोष अपस्मार भूतवाधा, दरिद्रता, कुष्ठ कृमि और विष को नष्ट करने वाली होती है।)

- उन्माद में 2-4 तौला ताजी शंकाहुली का स्वरस देने से दस्त साफ होता है और मद उतरता है।
- ज्वर में भी निद्रा के लिये एवं प्रलाप कम करने के लिए इसका फांट या इसे जीरा के साथ दूध में पीसकर देते हैं।
- इसके पत्तों का धूम्रपान पुरानी खाँसी तथा श्वास में लाभदायक है।
- रक्तस्राव विशेषकर रक्त वमन में इसके स्वरस से लाभ होता है।
- पूयमेह, मूत्रकृच्छ तथा शुक्र दौर्बल्य में भी इसका स्वरस लाभदायक है।
- गर्भाशय दौर्बल्य के कारण जिनमें गर्भधारण नही होता उन्हें इससे लाभ होता है।

- मेध्य (बुद्धिवर्धक) होने के कारण मस्तिष्क दौर्बल्य में इसका 10–20 ग्राम चूर्ण प्रयोग करते है।
- उन्माद, अपस्मार, मिर्गी, अनिद्रा एवं भ्रम रोगों में इसका प्रयोग बहुलता से होता है। गार्मियों में दाह (गर्मी) की शांति के लिये लोग इसका पानक बनाकर पीते हैं।

शंखपुष्पी (*Convolvulus prostratus* Forssk.)

96. शिवलिंगी

- **वानस्पतिक नामः** डिप्लोसीक्लोस पाल्माटुस [*Diplocyclos palmatus* (L.) C. Jeffrey]
- **कुलः** कुकुरबिटेसिए (Cucurbitaceae)
- **अन्यनामः** संस्कृत - शिवलिंगी, चित्रफला, लिंगजा, शिवाजा
  हिन्दी - शिवलिंगी, विलंजा, ईश्वरलिंगी, गरगुमारू
- **वितरणः** भारतवर्ष के समस्त प्रान्तों में पाई जाती हैं।
- **वर्णनः** यह एकवर्षीय कोमल आरोही लता है जिसका तना नालीदार तथा प्रतान कोमल, चिकना, द्विभाजी होता है। पत्ते हस्ताकार, 5 खंण्डयुक्त, 10–15 सेमी लम्बे, इतने ही चौड़े, ऊपरी सतह पर हरे, खुरदरे तथा निचली सतह पर हल्के पीले एवं लगभग चिकने होते हैं। खण्ड आयताकार-भालाकार, किनारे लहरदार या दूर-दूर दन्तुर होते हैं। पर्णवृत 2.5 से 7.5 सेमी लम्बा होता है। फूल छोटे, पीले तथा एकलिंगी होते हैं। फल गोल चिकना हरा तथा लम्बवत सफेद धारियों से युक्त होता है जो पकने पर गहरे लाल रंग का हो जाता है। बीज शिवलिंग की आकृति के होते हैं।
- **प्राप्ति स्थानः** यह वर्षात के उपरांत बाड़ों तथा झाड़ियों पर चढ़ी हुई सर्वत्र पाई जाती है।
- **फूल तथा फलः** सितम्बर से दिसम्बर तक लगते हैं।
- **औषधीय उपयोग :**

• जिस स्त्री के संतान जीवित न रहती हो अथवा होती न हो तो शिवलिंगी के 27 बीज, पीपल की जटा 6 ग्राम, गजकेसरी 6 ग्राम, इन तीनों चीजों को पीसकर सबकी तीन टिकिया बनाल लें। गाय के दुध की खीर तैयार करें और उस खीर में गाय के दूध से निकला घी और शक्कर डालें। उसमें शिवलिंगी के 6 बीज और उपरोक्त एक टिकिया मिला दें। फिर पति के साथ सहवास के बाद खीर को खालें। इस प्रकार तीन दिन तक करने से गर्भ ठहर जाता है।

• शिवलिंगी के बीज का चूर्ण 6 ग्राम और शंखपुष्पी की जड़ का चूर्ण 20 ग्राम मिलाकर स्त्री मासिक रजस्राव के चौथे दिन, रात से इस चूर्ण को 5 ग्राम की मात्रा में सेवन करें तो पुत्रलाभ होगा।

• पत्तों को पीसकर सूजन पर लगाते हैं।

• कच्चे फल को पशुओं के शरीर पर मलने से उनके जूँ मर जाते हैं।

शिवलिंगी [*Diplocyclos palmatus* (L.) C. Jeffrey]

97. सतावर

- **वानस्पतिक नाम:** अस्पारागुस रासेमोसुस (*Asparagus racemosus* Willd.)
- **कुल:** अस्पारागेसिए (Asparagaceae)
- **अन्यनाम:** संस्कृत-शतावरी, शतपदी, बहुसुता, नारायणी,
  हिन्दी-सतावर, सतमूली, शकाकुल
- **वितरण:** प्राय: भारत के सभी प्रांतो में पाई जाती है। उत्तरी भारत में यह अधिक होती है।
- **वर्णन:** यह बहुवर्षीय, काँटेदार, बहुशाखित आरोही लता है। इसकी जड़े सफेद रंग की लम्ब-गोल परन्तु दोनों सिरों पर पतली होती हैं, जो गुच्छो में निकलती हैं। पत्तों की तरह दिखने वाले, एक इंच लम्बे तथा कड़े, पर्णाभिपर्ण (ब्संकवकमे) के गुच्छे होते हैं। फूल छोटे, सफेद रंग के गुच्छों में आते हैं। फल छोटे, गोल तथा पकने पर लाल रंग के हो जाते हैं।
- **प्राप्ति स्थान:** यह वनों में पाई जाती है परन्तु इसकी जड़ों का औषधि हेतु अत्याधिक दोहन होने के कारण वनों से कम हो रही है।
- **फूल तथा फल:** फूल अक्टूबर से नवम्बर तथा फल दिसंबर से फरवरी तक आते हैं।
- **औषधीय उपयोग:**

शतावरी गुरू: शीतातिक्ता स्वादी रसायनी।
मेधाअग्नि पुष्टिदा स्निधा नेत्रा गुल्मातिसारजित।।
शुक्रस्तन्यकारी बल्या वातपितास्त्र शोथजित।

(भावप्रकाश)

(सतावर-मधुर तथा तिक्तरस युक्त, गुरू, शीतवीर्य, रसायन, मेधा (धारणाशक्तित्रः कारक, जठराग्नि वर्धक, पुष्टिदायक, स्निग्ध, नेत्रों के लिए हितकर, शुक्रवर्धक, स्तनों में दूध बढ़ाने वाली, बलकारक एवं गुल्म, अतिसार, वातपित्त रक्त तथा शोथ को दूर करने वाली होती है।)

- महिलाओं के स्तनों में दूध बढ़ाने के लिए इसकी जड़ पीसकर चूर्ण को रात में 5 से 10 ग्राम दूध के साथ पिलाते हैं।
- अधिक मासिक धर्म को रोकने के लिए जड़ का रस एक-एक चम्मच दिन में तीन बार 15 दिन तक देते हैं। जड़ का काढ़ा बुखार में उपयोग करते हैं।
- ताजी या सूखी जड़ को 7 काली मिर्च के साथ पीसकर चूर्ण को 5 ग्राम प्रति खुराक के हिसाब से दिन में दो बार खाने से रात में वीर्य स्खलन होने से रूक जाता है। इससे महिला एवं पुरूषों की नपुंशकता भी ठीक हो जाती है।

- ताजी जड़ का रस शहद के साथ मिलाकर बदहजमी में दिया जाता है। जड़ मूत्रल तथा बल कारक के रूप में उपयोग होती है।
- जड़ को दूध के साथ श्वेत प्रदर तथा दस्त में दिया जाता है।
- यूनानी पद्धति में जड़ से हलवा-ए-सुपारी पाक बनाया जाता है, जिसे गर्भधारण करने हेतु महिलाओं को खिलाया जाता है।

सतावर (*Asparagus racemosus* Willd.)

❖ ❖ ❖

98. सत्यानासी

- **वानस्पतिक नामः** अर्गेमोने मेक्सिकाना (*Argemone mexicana* L.)
- **कुलः** पापावेरेसिए (Papaveraceae)
- **अन्यनामः** संस्कृत – कटुपर्णी, हेमवती, हेमक्षीरी, पीतदुग्धा

  हिन्दी – सत्यानासी, पीलाधतूरा, सियालकांटा, पीली कटेरी, जंगली पोस्त

  अंग्रेजी – Mexican Poppy (मेक्सीकन पॉप्पी), Prickly Poppy (प्रिकली पॉप्पी), Yellow Thistle (यलो थिसल)
- **वितरणः** भारत के सभी प्रान्तों के खेत, मैदान, खण्डर, सड़क के किनारे आदि परती जमीन में उत्पन्न होती है।
- **वर्णनः** यह 2-4 फीट ऊँचा, अनेक शाखाओं से युक्त एकवर्षीय पौधा है। इसके पत्ते, फल, इत्यादि पर तीक्ष्ण काँटे होते हैं। दण्डी और पत्तों को तोड़ने से पीला दूध निकलता है। पत्ते कटे हुए, तीक्ष्ण कंटीले नोक वाले, सफेद धब्बों से युक्त होते हैं। फूल कटोरीनुमा चमकीले पीले रंग के होते हैं। फल लम्बे तथा गोल होते हैं और उनमें राई के समान काले रंग के बीज निकलते हैं।
- **प्राप्ति स्थानः** यह सड़कों के किनारे, खेतों तथा गंदे स्थानों पर पर्याप्त मात्रा में मिलती है।
- **फूल तथा फलः** फरवरी से जून तक लगते हैं।
- **औषधीय उपयोगः** हेमाह्वा रेचनीतिक्ता भेदिन्युक्लेशकारिणी।

  कृमिकण्डू विषानाह कफपित्तास्त्र कुष्ठनुत् ।।

  (भावप्रकाश)

(सत्यानासी – रेचक, तिक्तरस युक्त, भेदक, मल को भेदन करने वाली और उत्क्लेश कारक होती है एवं कृमि, खुजली, विष, आनाह, कफ, पित्त, रक्त विकार और कुष्ठ को दूर करने वाली होती है।)

- इसके बीजों का तेल कुष्ठ तथा त्वचारोगों मे लाभदायक होता है।
- दाँतों में गड्ढे होकर पीड़ा होती हो तो इनके बीजों का धूम्रपान करने से शान्ति मिलती है।
- पौधे में जो पीले रंग का दूध होता है उसे खुजली आदि में लगाने से लाभ होता है।
- इस दूध को आँखों में लगाने से नेत्ररोग ठीक हो जाते हैं।
- बीजों को पीसकर सरसों के तैल में मिलाकर लेप को दिन में दो बार कुष्ठ में लगाने से लाभ होता है।
- बीजों का घुँआ लेने से दाँत दर्द में आराम मिलता है।
- आँख में फूली होने पर इसका पीला दूध पलकों पर लगाते हैं।
- पौधे का रस दूध के साथ कुष्ठ में पिलाया जाता है।

- इसकी जड़ का चूर्ण एक ग्राम की मात्रा में पानी या घी के साथ सेवन करने से पेट के हर प्रकार के कृमि नष्ट हो जाते हैं।
- इसके 250 ग्राम बीज 750 ग्राम सरसों के तेल में जलाकर उस तेल को रुई से लगाने से बवासीर में आराम मिलता है।

सत्यानासी (*Argemone mexicana* L.)

❖ ❖ ❖

99. सफेद मूसली

- **वानस्पतिक नाम:** क्लोरोफीटुम टुबेरोसुम [*Chlorophytum tuberosum* (Roxb.) Baker]
- **कुल:** अस्पारागेसिए (Asparagaceae)
- **अन्य नाम:** हिन्दी - सफेद मूसली
- **वितरण:** उत्तरी तथा दक्षिणी भारत के वनों में पाई जाती है।
- **वर्णन:** यह बहुवर्षीय, सुदर्शन से मिलता-जुलता पौधा होता है। इसकी जड़ के पास पतले लम्बे सूत्राकार जड़ों के गुच्छे निकलते हैं, जिनके अग्रभाग पर मोटे, बेलनाकार, भूरे सफेद रंग के कंद होते हैं। पत्ते मूलीय, आधार से एक साथ निकले हुए, रेखाकार, हँसियाकार तथा किनारे लहरदार होते हैं। पुष्पध्वज 1 से 4 फीट तक लम्बा होता है। फूल सफेद रंग के तथा पुष्पवृन्त बीच में या बीच से नीचे जुड़ा होता है। फल दीर्घायत, 1 सेमी लम्बा तथा शीर्ष पर द्विखण्डित होता है।
- **प्राप्ति स्थान:** वर्षात के दिनों में वनों में पाई जाती है।
- **फूल तथा फल:** जुलाई से अक्टूबर तक लगते हैं।
- **औषधीय उपयोग:**

- जड़ का चूर्ण टोनिक तथा बाजीकारक के रूप में दूध के साथ मिलाकर खाया जाता है। नपुंसकता एवं वीर्य की दुर्बलता में बहुत उपयोगी है।
- जड़ का चूर्ण शरीर की दुर्बलता, वातरोग, अतिसार एवं श्वेतप्रदर में खाने से लाभ होता है। खून भी साफ होता है।
- जड़ का चूर्ण जीरा तथा शक्कर के साथ मिलाकर दूध या पानी के साथ पेट सम्बन्धी विकारों में देते हैं।
- कुपच एवं बवासीर में जड़ का चूर्ण खाने से लाभ होता है।
- हड्डी टूटने पर चूर्ण खाने से हड्डी जल्दी जुड़ती है।

सफेद मूसली [*Chlorophytum tuberosum* (Roxb.) Baker]

100. सरफोंका

- **वानस्पतिक नाम:** टेफ्रोसिआ पुर्पुरेआ [*Tephrosia purpurea* (L.) Pers.]
- **कुल:** फाबेसिए (Fabaceae)
- **अन्यनाम:** संस्कृत - शरपुंख, प्लीहशत्रु, नीलवृक्षाकृति
  हिन्दी - सरफोंका
  अंग्रजी - Purple Tephrosia (पर्पल टेफ्रोसिआ), Wild Indigo (वाइल्ड इंडिगो)
- **वितरण:** समस्त भारतवर्ष में तथा हिमालय में 6000 फीट की ऊँचाई तक पाया जाता है।
- **वर्णन:** यह दो से ढ़ाई फीट ऊँचा, सीधा, बहुशाखायुक्त पौधा होता है। पत्ते 3-6 इंच लम्बे एवं विषय पक्षवत् होते हैं। पत्रक 19-21 की संख्या में अभिभालाकार, गोलाग्र, ऊपर चिकने तथा नीचे रोंयेदार होते हैं। फूल बैंगनी रंग के, सवृंत तथा 3-6 इंच लम्बी मंजरियों में निकले रहते हैं। फली एक से दो इंच लम्बी एवं अल्प मुड़ी हुई होती है जिसमें 6-10 हरे-भूरे रंग के बीज होते हैं।
- **प्राप्ति स्थान:** वर्षात के दिनों में यह सड़कों के किनारे तथा परती भूमि में सर्वत्र पाया जाता है।
- **फूल तथा फल:** सितम्बर से फरवरी तक आते हैं।
- **औषधीय उपयोग:**

शरंपुखो यकृत्पलीहगुल्म व्रण विषापहः ।
तिक्तः कषायः कासास्रश्वास ज्वरहरोलघुः ।।

(भावप्रकाश)

(सरफोंका - तिक्त तथा कषाय रसयुक्त, लघु एवं यकृत, प्लीहा, गुल्म, व्रण, विष, कास रक्तविकार, श्वास और ज्वर को दूर करता है।)

- यकृत एवं प्लीहा वृद्धि में इसकी 3-6 माशा जड़ को हरड़ के साथ देने से अच्छा लाभ होता है।
- बवासीर में मट्ठा के साथ जड़ पीसकर देते हैं।
- रक्तस्राव में चावल के माड़ के साथ जड़ पीसकर पिलाते हैं।
- खासी में जड़ का धूम्रपान कराया जाता है।
- पेट दर्द में जड़ की ताजी छाल को काली मिर्च के साथ पीसकर गोली बनाकर देते हैं।
- खुजली में बीजों का लेप उपयोगी है।
- गंडमाला में जड़ का लेप किया जाता है।

- जड़ को अपच तथा जीर्ण दस्त में देते हैं।
- जड़ पीसकर चूर्ण से मंजन करने से मसूड़ों तथा दाँतों के रोग ठीक हो जाते हैं।

सरफोंका [*Tephrosia purpurea* (L.) Pers.]

101. सरिवन

- **वानस्पतिक नामः** प्लेउरोलोबुस गांगेटिकुस [*Pleurolobus gangeticus* (L.) J. St.-Hil. ex H. Ohashi & K. Ohashi] [syn. *Desmodium gangeticum* (L.) DC.]
- **कुलः** फाबेसिए (Fabaceae)
- **अन्य नामः** संस्कृत - शालपर्णी, विदारिगंधा, अंशुमती
  हिन्दी - सरिवन, सालपान, सालवन
- **वितरणः** समस्त भारतवर्ष में 5000 फीट की ऊँचाई तक पाया जाता है।
- **वर्णनः** यह 2-4 फीट ऊँचा पौधा है, जिसकी शाखाएं फैली हुई तथा तना किंचित कोणदार होती हैं। पत्ते शाल के पत्तों के समान, 3-6 इंच लम्बे, भालाकार, आयताकार या लट्वाकार, एक पत्रकीय एवं नुकीले होते हैं। इनके नीचे की सतह फीके हरे रंग की तथा रोमश होती है। फूल सफेद गुलाबी या बैंगनी रंग के होते हैं, जो 6-12 इंच लम्बी अक्षीय या अन्तस्थ मंजरियों में लगते हैं। फली पतली, चपटी, टेढ़ी, 6-8 संधियों की, टेढ़े सूक्ष्म रोमों से आवृत होती है।
- **प्राप्ति स्थानः** वनों में यह वृक्षों के नीचे पाया जाता है।
- **फूल तथा फलः** अगस्त से नवम्बर तक लगते हैं।
- **औषधीय उपयोगः**

शालपर्णी गुरूश्छर्दिज्वर श्वासातिसारजित्।
शोषदोषत्रयहरी बृंहण्युक्ता रसायनी।
तिक्ता विषहरी स्वादुः क्षतकास कृमिप्रणुत ।

(भावप्रकाश)

(सरिवन - पाक में गुरू और वमन, ज्वर, श्वास, अतिसार, शोष तथा त्रिदोष का नाशक है एवं बृंहण, रसायन, तिक्त तथा मधुर रसयुक्त और विष, क्षयकास तथा कृमि का भी नाशक है।)

- समूचे पौधे को पीसकर आधे कप काढ़े को दिन में तीन बार, 5 दिन तक देने से मलेरिया ठीक हो जाता है।
- 10 ग्राम जड़ का लेप 7 काली मिर्च के साथ आन्तरिक ज्वर में देते हैं।
- पौधे का 2 चम्मच काढ़ा दिन में तीन बार पेचिश में देने से लाभ होता है।
- जड़ पीसकर 2 चम्मच रस को पानी के साथ दिन में तीन बार दस्त में देते हैं।
- जड़ का रस सर्प विष में दिया जाता है।
- पत्ती के लेप को पूरे शरीर पर लगाने से बुखार उतर जाता है।
- जड़ का काढ़ा खाँसी तथा पेचिश में देने से लाभ होता है।

सरिवन [*Pleurolobus gangeticus* (L.) J. St.-Hil. ex H. Ohashi & K. Ohashi]

102. सहदेई

- **वानस्पतिक नाम:** सीआंथिल्लिउम सिनेरेउम [*Cyanthillium cinereum* (L.) H. Rob.] [syn. *Vernonia cinerea* (L.) Less]
- **कुल:** अस्टेरेसिए (Asteraceae)
- **अन्यनाम:** संस्कृत - सहदेवी
  हिन्दी - सहदेई
  अंग्रेजी - Purple Fleabane (पर्पल फ्लीबेन)
- **वितरण:** समस्त भारत वर्ष में 4000 फीट की ऊँचाई तक पायी जाती है।
- **वर्णन:** इसका 8 इंच से 3 फीट तक ऊँचा, सीधा, एकवर्षीय पौधा होता है जिसका तना पतला, रेखायुक्त एवं रोंयेदार होता है। पत्ते अनेक आकार के, रेखाकार, अण्डाकार, लट्वाकार या अभिलट्वाकार, अखण्ड या तन्तुर, रोमश, अवृंत या सूक्ष्मवृंत युक्त तथा 1-2 इंच लम्बे एवं चौड़े होते हैं। फूल गुलाबी या बैगनी रंग के, आयताकार सूक्ष्म गुण्डकों में आते हैं। अध: पत्रावलि घंटिकाकार, 2 मिमी लम्बी और उनके पक्ष प्राय: रेखाकार, लंबाग्र और उनका अग्र भाग कंटक के समान तीक्ष्ण होता है।
- **प्राप्ति स्थान:** वर्षात तथा जाड़ों के दिनों में खेतों तथा खाली पड़ी भूमि पर सर्वत्र पाई जाती है।
- **फूल तथा फल:** अगस्त से मार्च तक आते हैं।
- **औषधीय उपयोग:** ज्वरं हन्ति शिरो बद्धा सहदेवी जटा यथा।

(चरक संहिता)

(सहदेई- ज्वर नाश के लिये इसकी जड़ को चोटी में बाँधते हैं।)

- बुखार में पसीना लाने के लिये इसका काढ़ा पिलाते हैं तथा शरीर पर लगाते हैं।
- बवासीर में इसका स्वरस दिया जाता है।
- पेशाब की जलन में भी लाभदायक है।
- इसका लेप सूजन में उपयोगी है।
- ज्वर में इसकी जड़ चोटी में बाँधते हैं तथा इसका स्वरस मलते हैं।
- इसे पथरी तथा मूत्रकृच्छ में भी देते हैं।
- फूलों को आँख आने पर खिलाते हैं तथा जड़ शोथ में खिलाई जाती है।
- पौधे को पीसकर लेप को घाव तथा फोड़ा पर लगाते हैं।
- पौधे का रस या काढ़ा खाँसी तथा दस्त में गुणकारी है।
- पत्तों के रस को तैल में उबालकर फीलपांव नामक रोग में लगाते हैं।
- बीजों का लेप नीबू के रस में मिलाकर सिर में जुँए मारने के लिये लगाते हैं।

सहदेई [*Cyanthillium cinereum* (L.) H. Rob.]

103. सहजन

- **वानस्पतिक नाम:** मोरिंगा ओलेइफेरा (*Moringa oleifera* Lam.)
- **कुल:** मोरिंगेसिए (Moringaceae)
- **अन्यनाम:** संस्कृत – शोभाज्जन, शिग्रु, तीक्ष्णगंधा, मोचक
  हिन्दी – सहिजन, सहिजना, सहजन, मुनगा
  अंग्रेजी – Horse Radish Tree (हॉर्स रेडिस ट्री), Drumstick Tree (ड्रमस्टिक ट्री)
- **वितरण:** भारतवर्ष के प्राय: सभी प्रान्तों में पाया जाता है।
- **वर्णन:** यह मध्यमाकार, 20–25 फुट ऊँचा वृक्ष होता है जिसकी छाल मोटी, मृदु, कार्कयुक्त, भूरे रंग की एवं लम्बाई में फटी हुई होती है। पत्ते संयुक्त, प्राय: त्रिपक्षवत तथा 1–3 फीट तक लम्बे होते हैं। पत्रक अण्डाकार, लट्वाकार, विपरीत क्रम में लगे रहते हैं। फूल सफेद रंग के, सुगंधित तथा गुच्छों में निकलते हैं। फलीयाँ 6–18 इंच लम्बी, त्रिकोणाकार, अंगुली के समान मोटी व शिराओं से युक्त होती हैं। बीज त्रिकोणाकार, सपक्ष तथा लगभग 1 इंच लम्बे होते हैं।
- **प्राप्ति स्थान:** यह गाँवों तथा घरों के आस-पास पाया जाता है।
- **फूल तथा फल:** जनवरी से मार्च तक फूल तथा अप्रैल से जून तक फल लगते हैं।
- **औषधीय उपयोग:**

चक्षुष्यं शिग्रुजं बीजं तीक्ष्णोष्णं विषनाशनम्।
अवृष्यं कफवातधनं तन्नस्येन शिरोअर्तिनुत्।।

(भावप्रकाश)

(सहजन के बीज – नेत्रों को हितकर, तीक्ष्ण, उष्णवीर्य, विषनाशक, अवृष्य और कफवात नाशक होते हैं।)

- गले की शिथिलता, मुख विकार तथा दाँत में कीड़े पड़ने पर इसकी छाल के काढे से कुल्ला करते हैं।
- जोड़ों के दर्द या शरीर की पीड़ा में छाल का गर्म लेप लगाते हैं।
- इसके बीजों का तैल संधिवात, आमवात तथा वातरक्त में मालिश करते हैं।
- इसके कोमल पत्तों का साग खाने से शौच साफ होता है। इसकी फली का साग पेट के कीड़ों में लाभदायक होता है।
- इसके फूलों को दूध में उबालकर बाजीकरण के लिए पिलाते हैं।
- इसकी फलियों की सब्जी बनाकर खाते हैं। यह मधुमेह में बहुत लाभ करती है।
- यह तिल्ली तथा यकृत वृद्धि में भी उपयोगी है।

- इसकी छाल, जड़ तथा गोंद गर्भपातक के रूप में उपयोग होता है।
- गोंद को दस्त में देने से लाभ होता है। यह जोंड़ो के दर्द में भी उपयोग होता है।
- पत्तों की पुल्टिस सूजन तथा जलोदर में बाँधते हैं।
- पत्तों में विटामिन ए तथा सी की प्रचुर मात्रा होती है तथा ये कुपोषण तथा सर्दी, जुकाम में लाभदायक होते हैं। ये बमन कारक भी होते हैं।
- पत्तों का लेप घाव में लगाते हैं। फूलों का उपयोग टोनिक तथा मूत्रल के रूप में होता है।
- दाद में जड़ को घिसकर लगाने से लाभ होता है ।
- घाव में कीड़े पड़ने पर छाल पीसकर लेप लगाने से कीड़े मर जाते हैं ।
- रतोंदी में पत्तों का रस 20-40 मिली पीने से लाभ होता है ।
- पत्तों का रस शहद में मिलाकर आँखों में लगाने से आँखों के अनेक रोग नष्ट हो जाते हैं।
- बवासीर में पत्तों का रस पीना हितकर है ।
- पत्तों को चवाकर चूसने से मुंह के छाले ठीक हो जाते हैं

सहजन (*Moringa oleifera* Lam.)

104. सिरिस

- **वानस्पतिक नाम:** अल्बिजिआ लेब्बेक [*Albizia lebbeck* (L.) Benth.]
- **कुल:** फाबेसिए (Fabaceae)
- **अन्यनाम:** संस्कृत - शिरीष, शुकप्रिय, शुकपुष्प, मृदुपुष्प
  हिन्दी - सिरिस, सिरस
  अंग्रेजी - Siris Tree (सिरिस ट्री), East Indian Walnut (ईस्ट इंडियन वालनट)
- **वितरण:** प्राय: भारत वर्ष के सभी प्रान्तों में पाया जाता है तथा सड़कों के किनारे भी लगाया जाता है।
- **वर्णन:** यह सघन व बड़े आकार का वृक्ष होता है। पत्ते पक्षवत, 2-4, कभी-कभी 5 जोड़े पक्षों से युक्त होते हैं। पत्रक प्राय: 6-8 जोड़े, तिर्यक, कड़े एवं छोटे वृंत से युक्त होते हैं। प्रधान पर्णवृत के आधार पर एक बड़ी ग्रन्थि होती है। पत्रकों में भी ऊपरी 2-5 जोड़ों के नीचे ग्रंन्थि होती है। फूल वृंतयुक्त, हरे-पीले तथा मुण्डक में आते हैं। फली 6-12 इंच लम्बी, डेढ़ इंच तक चौड़ी, पतली, हल्के पीले रंग की होती है जिनमें 6-10 बीज होते हैं।
- **प्राप्ति स्थान:** यह वनों, सड़कों के किनारे तथा गाँवों के आस-पास पाया जाता है।
- **फूल तथा फल:** फूल मार्च से मई तथा फल नवम्बर से फरवरी तक लगते हैं।
- **औषधीय उपयोग:** शिरीषो मधुरोअनुष्णस्तिक्तश्च तुवरो लघुः।
  दोष शोथ विसर्पघ्नः कासव्रण विषापहः ।।
  (भावप्रकाश)

(सिरिस- मधुर, तिक्त तथा कषाय रसयुक्त, किंचित उष्ण, लघु एवं वातादिक दोष, शोथ, विसर्प, खाँसी, व्रण तथा विष को दूर करने वाला है।)

- शुक्र स्तम्भन के लिये फूलों का उपयोग करते हैं। वीर्य गाढ़ा करने के लिये इसके बीजों के 1 से 2 ग्राम चूर्ण को दूध एवं शक्कर के साथ देते हैं।
- छाल का चूर्ण (3-6 माशा) घी के साथ शरीर को पुष्ट करने के लिये दिया जाता है।
- छाल के काढ़े से कुल्ला करने से दाँत मजबूत होते हैं।
- गण्डमाला में बीजों का लेप किया जाता है तथा खिलाते भी हैं ।
- रतोंदी में पत्तों का काढ़ा 1-2 तौला पिलाते हैं तथा स्वरस आँख में लगाते हैं।
- बीजों का 3-6 ग्राम चूर्ण गाय के दूध के साथ बाजीकरणार्थ तथा शुक्रदौर्बल्य में देते है।
- श्वांस में फूलों का रस पिप्पली चूर्ण और शहद के साथ दिया जाता है।
- बीजों का तैल कुष्ठ के लिये लाभदायक होता है।

- छाल को आँख में चोट लगने पर लगाते हैं।
- जड़ की छाल के चूर्ण के उपयोग से मसूड़े मजबूत होते हैं।
- छाल तथा बीजों को बवासीर तथा दस्त में देते हैं।

सिरिस [*Albizia lebbeck* (L.) Benth.]

105. सियार बैठका

- **वानस्पतिक नाम:** लेपिडागाथिस क्रिस्टाटा (*Lepidagathis cristata* Willd.)
- **कुल:** अकांथेसिए (Acanthaceae)
- **अन्यनाम:** हिन्दी - सियार बैठका, सैर बटना, जमीनघोटा
- **वितरण:** भारत वर्ष के प्राय: सभी प्रान्तों में पाया जाता है।
- **वर्णन:** यह बहुवर्षीय पौधा है जिसकी शाखायें जमीन पर फैली हुई तथा चतुष्कोंणीय होती हैं। पत्ते विपरीत, वृंतहीन, 3 से 5 सेमी. लम्बे, रेखाकार या दीर्घायत होते हैं। सभी स्पाइकें एकीकृत होकर तने के आधार पर मुण्डक के रूप में विन्यस्त हो जाती हैं। फूल सफेद होते हैं जिन पर बैंगनी रंग के दाग होते हैं। सहपत्र व वाह्यदलपुंज काँटेदार होते हैं।
- **प्राप्ति स्थान:** वनों एवं बेहड़ों में खुले स्थानों पर तथा चट्टानों की दरारों में उगता है।
- **फूल तथा फल:** सितंबर से दिसंबर तक में आते हैं।
- **औषधीय उपयोग:**

- 50 ग्राम समूचे पौधे के काढ़े को दिन में दो बार एक साल तक पिलाने से फाइलेरिया रोग में लाभ होता है। पौधे को पानी में उबालकर भाप से फाइलेरिया में सेकते हैं।
- बड़ी इंद्रायन के फल का छिलका, माचिस की तीली का पोटाश, अमलतास का फल, सियार बैठका का पुष्पक्रम तथा सरसों के बीज समान मात्रा में लेकर पानी में पीसकर लेप को ग्रंथि सूजन में दिन में दो बार 7 दिन तक लगाने से लाभ होता है।
- समूचे पौधे को सरसों के तैल में उबालकर हलके गर्म तैल को गठिया में मालिश करते हैं।
- सूजन पर पौधें को पीसकर लेप को लगाने सूजन ठीक होती है।
- पुष्पक्रम को उबालकर काढ़े से कुल्ला करने से पायरिया, दांत दर्द व मसूड़ों की सूजन में लाभ होता है।
- पत्तियों रस कोपर सल्फेट के साथ चेतना लाने हेतु सर्प काटने पर पिलाते हैं।
- आमवात में सियार बैठका, गंधप्रसारिणी (*Paedaria foetida*) तथा कलिहारी के कंद को पीसकर लेप को सरसों के तैल में पकाकर तैल से मालिश करने से लाभ होता है।
- गाय या भैस के थन में गांठ पड़ने पर पौधे लेप को लगाने से ठीक हो जाती है।

सियार बैठका (*Lepidagathis cristata* Willd.)

❖ ❖ ❖

106. सेंद

- **वानस्पतिक नामः** कुकुमिस मेलो (*Cucumis melo* L.)
- **कुलः** कुकुरबिटेसिए (Cucurbitaceae)
- **अन्यनामः** हिन्दी – सेंद, सेंदिया
- **वितरणः** संम्पूर्ण भारत वर्ष में पाई जाती है।
- **वर्णनः** इसकी लता एकवर्षीय, नाजुक, खुरदरी, दृड़लोमी, जमीन पर फेलने वाली होती है। पत्ते खुरदरे, वृक्काकार से उप वर्तुल, आधार पर हृदयाकार, तीन खण्डों में विभक्त व दंतुर होते हैं। फूल पीले रंग के होते हैं। नर पुष्प गुच्छे में तथा मादा पुष्प वृंतयुक्त होते हैं। फल अण्डाकार, दीर्घवृत्ताभ, धारीदार होते हैं जो कच्चे में हरे व कड़वे तथा पकने पर पीले, मीठे व सुगंधित हो जाते हैं।
- **प्राप्ति सीनः** खरीप की फसलों जैसे ज्वार, बाजरा, तिल, अरहर, मँग, उड़द के खेतों में पाई जाती है।
- **फूल तथा फलः** जुलाई से अक्टूबर तक आते हैं।
- **औषधीय उपयोगः**

- कच्चे फलों को टुकड़ों में काटकर सरसों के तैल में जीरा के साथ तलकर बुखार में देने से लाभ हाता है।
- शीतवात व कपित्त में सूखे फल के चूर्ण को पानी के साथ दिन में दो बार तीन माह तक देने से आराम मिलता है।
- पके फलों को रोजाना 21 दिन तक खाने से पथरी निकल जाती है।
- पेटदर्द में कच्चे फलों का अचार डालकर खाने से दर्द ठीक होता है।
- कच्चे फलों की सब्जी बनाई जाती है जो स्वास्थ्य के लिए लाभदायक होती है।
- पके फल में विटामिन ए अधिक होता है, अतः इसे खाने से रतोंदी ठीक होती है।
- जड़ का लेप सर्प काटने के सीन पर लगाते हैं।
- फल खाने से पसीना कम आता है।

सेंद (*Cucumis melo* L.)

107. सेमल

- **वानस्पतिक नामः** वोम्बाक्स सीबा (*Bombax ceiba* L.)
- **कुलः** मालवेसिए (Malvaceae)
- **अन्य नामः** संस्कृत - शाल्मलि, रक्तपुष्पा, स्थिरायु
  हिन्दी - सेमल, सेमर
  अंग्रेजी - Silk Cotton Tree (सिल्क कॉटन ट्री)
- **वितरणः** यह भारतवर्ष के सभी प्रान्तो के वनों में पाया जाता है तथा सड़कों के किनारे व बागों में भी लगाया जाता है।
- **वर्णनः** यह बहुत विशाल एवं पर्णपाती वृक्ष होता है जिसका तना नीचे मोटा तथा सीधा होता है। तने व शाखाओं पर छोटे-छोटे कड़े व नुकीले काँटे होते हैं। पत्ते अंगुल्याकार, सप्तपर्णी (सतिवन) के समान 5-7 होते हैं जो अलग-अलग पर्णिकावृत्तों पर लगे रहते हैं। फूल गहरे लाल या नारंगी रंग के बड़े होते हैं जो शाखाओं के अंत में लगते हैं। फल 5-6 इंच लम्बे, गोलाकार एवं हरे रंग के होते हैं जो पकने पर फटते हैं जिनमें रेशम जैसी रूई तथा काले बीज होते हैं।
- **प्राप्ति सीानः** यह वनों में तथा सड़कों के किनारे पाया जाता है।
- **फूल तथा फलः** फूल पत्र विहीन शाखाओं पर फरवरी-मार्च में तथा फल अप्रैल -मई में लगते हैं।
- **औषधीय उपयोगः**

शाल्मली शीतला स्वाद्बी रसे पाके रसायनी।
श्लेष्मला पित्तवातास्त्रहारिणी रक्तपित्त जित।

(भावप्रकाश)

(सेमल- रस तथा विपाक में मधुर रसयुक्त, शीतल, रसायन, कफजनक एवं पित्त, वात, रक्तविकार या वातरक्त तथा रक्तपित्त को दूर करने वाला होता है।)

- इसका एक तौला चूर्ण एक तौला शक्कर के साथ 10 तौले जल में घोलकर बाजीकरण के लिये पिलाते हैं।
- इसके फूल, पोस्त के बीज, शक्कर तथा दूध उबालकर बवासीर में दिन में तीन बार पिलाते हैं।
- गाँठों की सूजन पर पत्तों को पीसकर लगाते हैं।
- इसके काँटो को मुँहासे आदि पर लगाने से लाभ होता है।
- तने से प्राप्त गोंद का उपयोग बाजीकरण हेतु किया जाता है। गोंद शक्तिवर्धक भी होता है

तथा यह दस्त, पेचिश एवं रक्त प्रदर में भी दिया जाता है। यह मुख्य रूप से 'इन्द्र जौ' (*Holarrhena pubescens*) के बीजों के साथ अधिक लाभदायक होता है।

- छाया में सुखाई गई जड़ का चूर्ण बाजीकारक होता है तथा यह नपुसंकता में भी दिया जाता है।
- 5 ग्राम जड़ का चूर्ण सुबह दूध के साथ रोजाना 7 दिन तक लेने से नपुसंकता ठीक हो जाती है। यह उपचार हर दूसरे महीने करते रहना चाहिये।
- **अन्य उपयोग**– फूलों की कली तथा बाह्य दलपुंज भाजी के रूप में खाये जाते हैं। नये पत्ते खाये जाते हैं तथा चारे के रूप में उपयोग होते हैं। फलों से प्राप्त रूई गदद्, तकिया तथा रजाई भरने के काम आती है। काष्ठ का उपयोग दियासलाई बनाने में होता है।

सेमल (*Bombax ceiba* L.)

❖ ❖ ❖

108. हरसिंगार

- **वानस्पतिक नामः** नीक्टांथेस आर्बोर-ट्रिस्टिस (छलबजंदजीमे तइवत.जतपेजपे स्ए)
- **कुलः** ओलिएसिए (व्सपंबमंम)
- **अन्यनामः** संस्कृत - पारिजात, शेफालिका

  हिन्दी - हरसिंगार, सिहारू, सहरुआ

  अंग्रेजी - Night Jasmine (नाइट जैस्मिन),

  Tree of Sorrow (ट्री ऑफ सोरो),

  Weeping Nyctanthes (वीपिंग निक्टेन्थिस),

  Coral Jasmine (कोरल जैस्मिन)
- **वितरणः** समस्त भारत वर्ष में 3000 फीट की ऊँचाई तक पाया जाता है।
- **वर्णनः** यह बड़ी झाड़ी या छोटा पर्णपाती वृक्ष होता है जिसकी शाखाएं चतुष्कोणीय तथा नीचे की ओर झुकी हुई होती हैं। पत्ते लट्वाकार, ऊपर रूक्ष तथा नीचे रोमश, अखण्ड या दन्तुर, नुकीले एवं आमने-सामने लगे रहते हैं। फूल सुगन्धित होते हैं। इनकी पंखुडियाँ सफेद एवं पुष्पवृंत केसरिया रंग के होते हैं। ये रात को खिलते हैं तथा सुबह झड़ जाते हैं। फल चपटे, गोल, हरे रंग के एवं किनारे पर दबे हुये रहते हैं। बीज दो छोटे, चपटे तथा अण्डाकार होते हैं।
- **प्राप्ति स्थानः** वनों में यह बहुतायत में पाया जाता है।
- **फूल तथा फलः** सितम्बर से जनवरी तक लगते हैं।
- **औषधीय उपयोगः**

सेफालिः कटुतिक्तोष्णा रूक्षा वातक्षयापहा ।
स्यादंग संधिवातघ्नो गुदवातादिदोषनुत्।।

(राजनिघन्टु)

(हरसिंगार- कटु तिक्त रसयुक्त, उष्ण, रूक्ष गुण युक्त तथा वात क्षय रोग नाशक है। यह संधिवात, गुद वात आदि दोषनाशक है।)

- जीर्णज्वर में इसके 7-8 कोमल पत्तों के रस में अदरक का रस तथा शहद मिलाकर देने से लाभ होता है।
- मलेरिया में यह बहुत लाभदायक है। बच्चों के कृमि (केंचुए) के लिए पत्तों के रस को चीनी मिलाकर देते हैं।
- खाँसी तथा दमा में इसकी छाल का चूर्ण 5 ग्राम की मात्रा में पान में रखकर दिन में तीन चार बार देने से कफ का चिपचिपापन कम होता है।

- इसके बीजों को जल में पीसकर गंजे सिर पर लगाने से नये बाल उग आते हैं तथा बालों के जुँए एवं रूसी नष्ट हो जाती है ।
- इसके पत्तों का काढ़ा ग्रघृसी (Sciatica) के लिए बहुत लाभदायक है।
- पत्तों का उपयोग बुखार तथा संधिवात में उपयोगी है।
- पत्तियों का देने से पेट के कीड़े मर जाते हैं।
- फूलों का रस देने से बुखार ठीक हो जाता है।

हरसिंगार (*Nyctanthes arbor-tristis* L.)

109. हल्दी

- **वानस्पतिक नाम:** कुर्कुमा लोंगा (*Curcuma longa* L.)
- **कुल:** जिंजिबेरेसिए (Zingiberaceae)
- **अन्यनाम:** संस्कृत - हरिद्रा, कांचनी, निशा, गौरी, कृमिधना
  हिन्दी - हल्दी, हरदी, हल्दी
  अंग्रेजी - Turmeric (टर्मेरिक)
- **वितरण:** समस्त भारतवर्ष में विशेषत: बंगाल, महाराष्ट्र तथा तमिलनाडु में इसकी खेती की जाती है।
- **वर्णन:** यह 2-3 फीट ऊँचा, बहुवर्षीय पौधा होता है जिसका तना छोटा तथा प्रकंद अदरक के समान किन्तु उससे बड़ा पीला या नारंगी पीला होता है। पत्ते डेढ़ से 2 फीट लम्बे 6-7 इंच चौड़े तथा उतने ही लम्बे, पर्णवृंत से युक्त, आयताकार-भालाकार एवं पत्राधार की तरु कुछ नुकीले होते हैं। पत्तों में आम की तरह गंध आती है। फूल पीले रंग के लगभग डेढ़ इंच लम्बें होते हैं जो 6 इंच तक लम्बे पुष्पदण्ड पर लगते हैं। पुष्पदण्ड पत्रकोष से आवृत होते हैं तथा इसके पत्र हल्के हरे रंग के होते हैं।
- **प्राप्ति स्थान:** सूखे कंद बाजार में पंसारी की दुकानों पर मिलते हैं तथा घरों में मसाले के रूप में उपयोग किये जाते हैं। कहीं-कहीं इसकी खेती करते हैं।
- **फूल तथा फल:** जुलाई से अक्टूबर तक आते हैं।
- **औषधीय उपयोग:**

हरिद्रा कटुका तिक्ता रूक्षोष्णा कफपित्तनुत्।
वर्ण्या त्वग्दोषमेहास्र शोथ पाण्डु व्रणापहा।।

(भावप्रकाश)

(हल्दी - कटु तथा तिक्तरस युक्त, रूक्ष, उष्णवीर्य, कफपित्त नाशक, शरीर के वर्ण को उज्जवल करने वाली एवं चर्मदोष, प्रमेह, रक्तविकार, शोथ, पाण्डु तथा व्रण को दूर करने वाली होती है।)

- हल्दी, काली मिर्च, मुनक्का, गुड़, रसना, पीपल और सोंठ को समान मात्रा में लेकर इनका चूर्ण बनाकर सरसों के तैल मिलाकर सेवन करने से भयंकर से भयंकर श्वांस रोग ठीक हो जाता है।
- पीलिया रोग होने पर सवा तौला हल्दी का चूर्ण, 5 तौला दही में मिलाकर प्रात: काल सेवन करने से पीलिया रोग दूर हो जाता है।
- तीन माशा हल्दी का चूर्ण प्रमेह में शहद के साथ प्रात: काल चाटने से प्रमेह रोग ठीक हो जाता है।

- हल्दी को गुड़ के साथ दूध में पकाकर गरम-गरम सुबह शाम पीने से जुकाम दूर हो जाता है।
- प्रसूतिका को हल्दी भूनकर घी के साथ देते हैं जो रक्त एवं दूध की शुद्धि करता है तथा प्रसवोपरांत प्रसूतिका को लाभदायी होता है।
- सर्दी लगने पर हल्दी की धँनी देते हैं तथा हल्दी को दूध में गुड़ के साथ मिलाकर पिलाये जाने पर तुरंत आराम मिलता है।
- चोट लगने पर रक्त जमने से रोकने के लिये हल्दी व चूने को मिलाकर चोट लगी जगह पर मलते है तथा हल्दी व शक्कर को गरम दूध करके पिलाते हैं।
- खाँसी में हल्दी को भूनकर 1-2 माशा शहद अथवा घी के साथ चटाने से लाभ होता है।
- आवले का रस, हल्दी तथा शहद के प्रयोग से सभी प्रकार के प्रमेहों में अच्छा लाभ होता है।
- सभी प्रकार के चर्मरोगों में हल्दी का चूर्ण गोमूत्र के साथ खिलाया जाता है तथा मक्खन के साथ स्थानीय लेप भी करते हैं।
- हल्दी के साथ चूना मिलाकर मोंच, ऐंठन, चोट, फोड़ा तथा पुराने घावों पर लगाने से लाभ होता है। इसके साथ हल्दी तथा मिश्री को खिलाते भी हैं।
- एक भाग हल्दी, 20 भाग जल में उबालकर छानकर उसे आँख में बार-बार डालते हैं जिससे आँख की वेदना कम होती हैं तथा कीचड़ आना भी कम होता है।
- सिरदर्द तथा जोंक के काटने पर रक्त प्रवाह को रोकने के लिये इसका लेप लाभदायक होता है।
- चक्कर आता हो तो ताजी हल्दी का सिर पर लेप करने से लाभ होता है। धृतकुमारी के गूदे में इसको घिसकर शोथ युक्त बवासीर पर लगाते हैं।

हल्दी (*Curcuma longa* L.)

❖ ❖ ❖

110. हिंगोट

- **वानस्पतिक नामः** बालानिटेस एजीप्टिआका [*Balanites aegyptiaca* (L.) Delile]
- **कुलः** जीगोफील्लेसिए (Zygophyllaceae)
- **अन्यनामः** संस्कृत - इंगुदी, अंगारवृक्ष

  हिन्दी - हिंगोट, इंगुआ, हिंगुआ, हिंगन
- **वितरणः** भारत वर्ष के शुष्क भागों में पाया जाता है।
- **वर्णनः** इसका 20 फीट तक ऊँचा, धूसर-रोमश, काँटेदार वृक्ष होता है। शाखाओं अग्र भाग पर सीधे, दृड़, पत्रयुक्त काँटे होते हैं। पत्ते द्विपत्रक एवं वृंत रहित, अखण्ड, चर्मवत् होते हैं। नत्रक अण्डाकार, अभिलट्वाकार या अभिप्रासवत होते हैं। फूल हरे-पीले रेग के व सुगंधित होते हैं जो 4-10 के गुच्छे में लगते हैं। फल अण्डाकार, काष्ठीय, गुदेदार, हल्की 5 धारियों से युक्त तथा पकने पर पीले रंग के हो जाते हैं। गूदा मधुर व उग्रगंधि होता है।
- **प्राप्ति स्थानः** बेहड़ों, सड़कों के किनारे तथा गाँवों के आस-पास की परती शुष्क भूमि में पाया जाता है।
- **फूल तथा फलः** मई से दिसंबर तक आते हैं।
- **औषधीय उपयोगः**

इंगुदः कुष्ठ भूतारिग्रह व्रणविषक्रिमीन्।

हन्त्युष्णः श्वित्रशूलघ्नतिक्तकः कटुपाकवान्।।

(भावप्रकाश)

(हिंगोट- तिक्तरसयुक्त, विपाक में कटुरसयुक्त, उष्ण एवं कुष्ठ, भुतादि ग्रहवाधा, व्रण, विष, कृमि, श्वेतकुष्ठ तथा शूल का नाशक है)

- घाव तथा जलने के स्थान पर इसकी गुठली का तैल लगाते हैं।
- फल की गुठली को पीसकर लेप को यक्ष्मा के उपचार हेतु देते हैं।
- जड़ का हल्का गुनगुना लेप मोंच तथा अंदरूनी चोट पर लगाया जाता हैं।
- 50 ग्राम गुठली को पीसकर लेप को सरसों के तैल में पकाकर तैल को जोड़ों के दर्द में मालिश करते हैं।
- गुठली के लेप को बिच्छू के काटे स्थान पर लगाने से लाभ होता है।
- पीली पेशाब आने पर तने की छाल का रस पीने से आराम मिलता है।
- तने की छाल के काढ़े से कुल्ला करने से मसूड़ों की सूजन ठीक होती है।
- फल का गूदा चेहरे पर लगाने से काले दाग ठीक होते हैं।
- फल का गूदा गुड़ के साथ मिलाकर गोली बनालें तथा एक गोली दिन में दो बार दस्त में देने से लाभ होता है।

- ग्रामीण लोग पके फल के गूदे से कपड़े धोते हैं।
- गुठली के अंदर की मिगी का लेप पेटदर्द में देते हैं।
- गुठली में छेद करके पशुओं के गले में बांधते हैं।
- गुइली में दारू भरकर इसका प्रयोग आतिशबाजी में करते हैं।

हिंगोट [*Balanites aegyptiaca* (L.) Delile]

वानस्पतिक नामों की सूची

हिन्दी नामों की सूची

संदर्भ सूची

1. Abdul karim, M. 1997. *Plants in Ayurveda,* Foundation for Revitalization of Local Health Traditions, Banglore.
2. Ambasta, S.P. (ed.) 1986. *The Useful Plants of India,* Council of Scientic and Industrial Research, New Delhi.
3. Anonymous, 1948-1976. *The Wealth of India* (Raw Materials), Council of Scientific and Industrial Research, New Delhi.
4. Anonymous, 1990. *Glimpses of Medico-Botany of Bastar District (M.P.),* Central Council of Research in Ayurveda and Siddha, New Delhi.
5. Bakhru, H. R. 1992. *Herbs that Heal*, Orient Paperpacks, Bombay.
6. Chatterjee, A. and Pakrashi, S.C. 1991-1992,1994. *The Treatise on Indian Medicinal Plants,* Council of Scientific and Industrial Research, New Delhi.
7. Chopra, R.N., Nayar, S.L. and Chopra, I.C. 1956. *Glossary of Indian Medicinal Plants,* Council of Scientific and Industrial Research, New Delhi.
8. Chopra, R.N., Chopra, I.C. and Verma, B.S. 1969. *Supplement to the Glossary of Indian Medicinal Plants,* Council of Scientific and Industrial Research, New Delhi.
9. Guhabakshi, D.N., Sensarma, P. and Pal, D.C. 1999, 2001. *A Lexicon of Medicinal Plants in India,* 1,2, Naya Prokash, Calcutta.
10. Jain, S.K. 1991. *Dictionary of Indian Folk Medicine and Ethnobotany,* Deep Publications, New Delhi.
11. Jain, S.K. (ed.) 1981. *Glipses of Indian Ethnobotany,* Oxford & IBH , New Delhi
12. Jain, S.K. (ed.) 1987. *A Manual of Ethnobotany,* Scientific Publishers, Jodhpur.
13. Jain, S.K. (ed.) 1997. *Cotribution to Indian Ethnobotany,* Scientific Publishers, Jodhpur.
14. Jain, S.K. (ed.) 1996. *Ethnobiology in Human Welfare*, Deep Publications, New Delhi.
15. Jain, S.K. 1999. *Dictionary of Ethno-veterinary Plants of India*, Deep Publications, New Delhi.
16. Jain, S.K. and De Filipps, R.A. 1991. *Medicinal Plants of India,* Reference Publication, Algonac, Michigan.
17. Jain, S.K., Sinha, B.K. and Gupta, R.C. 1991. *Notable Plants in Ethnomedicine of India,* Deep Publications, New Delhi.
18. Jain, Vartika and Jain, S.K. 2017. *Copandium of Imdian Folk Medicine and Ethnobotany,* Deep Publications, New Delhi.
19. Kirtikar, K.R. and Basu, B.D. 1933. *Indian Medicinal Plants,* Bisen Singh, Mahendrapal Singh, Dehradun (Reprinted 1993-1994).
20. Maheshwari, J.K. 1996. *Ethnobotany in South Asia*, Scientific Publishers, Jodhpur
21. Nadkarni, K.M. 1976. *Indian Materia Medica* (Revised Reprint), Popular Prakashan, Bombay.

22. Pal, D.C. and Jain, S.K. 1998. *Tribal Medicine,* Naya Prokash, Calcutta.
23. PaÙkotta, J.A. 2001. *Healing Plants of Paninsular India,* CABI Publishing, New York, USA.
24. Prajapati, N.D., Purohit, S.S., Sharma, A.K. and Kumar, Tarun 2003. *A Handbook of Medicinal Plants,* Arobios, Jodhpur, India.
25. Pushpangadan, P., Mehrotra, S., Rajwat, A.K.S., Tejwari, S.K., Sikarwar, R.L.S. and Misra, Neeta 2001. *Package of Practices for Organic Cultivation and Utilization of important Medicinal Plants* (Part-1), National Botanical Research Institute, Lucknow.
26. Pushpangadan, P., George, V., Shreedevi, P. Ijinu, T.P., Anzar, S. and Bincy, A.J. 2016. *Plants for Health and Nutritional Security*, Depertment of Biotechnology, Ministry of Science and Technology, New Delhi.
27. Singh, V.K. and Khan, Abrar M. 1990. *Medicinal Plants and Folk-lores*, Today and Tomorrow Printers and Publishers, New Delhi.
28. Singh, Umrao, Wadhwani, A.M. and Johri, B.M. 1993. *Dictionary of Economic Products in India,* Indian Council of Agriculture Research, New Delhi.
29. Thakur, R.S., Puri, H.S. and Hussain, Akhatar, 1989. *Major Medicinal Plants,* Central Institute of Medicinal and Aromatic Plants, Lucknow.
30. कविराज डॉ. अम्बिका दत्त. *सुश्रुत संहिता*, शास्त्री, चौखम्बा संस्कृत सीरीज, बनारस.
31. जैन, सुधांशु कुमार 1967. *वनस्पति कोष-उपयोगी पौधों का हिंदी-लैटिन कोष,* राजकमल प्रकाशन, दिल्ली.
32. जैन, सुधांशु कुमार 2011. *औषधीय पौधे*, नेशनल बुक ट्रस्ट, इंडिया, नई दिल्ली.
33. पाण्डेय, गंगा सहाय एवं चुनेकर, कृष्ण चन्द्र 1998. *भावप्रकाश निघण्टु*, चौखम्बा भारती अकादमी, वाराणसी.
34. भंडारी, श्री चन्द्रराज 1997. *वनौषधि-चन्द्रोदय.* चौखम्बा संस्कृत संस्थान, वाराणसी.
35. शर्मा, प्रियव्रत 1998. *द्रव्यगुण विज्ञान,* चौखम्बा भारती अकादमी, वाराणसी.
36. शास्त्री, श्री सत्यनारायण 1996. चरक संहिता, चौखम्बा भारती अकादमी, वाराणसी.